|中国复兴档案|

塞疆 / 编

团结出版社

图书在版编目（CIP）数据

这个时代的人 / 塞疆编. -- 北京 ：团结出版社,2013.11
ISBN 978-7-5126-2107-7

Ⅰ．①这… Ⅱ．①塞… Ⅲ．①成功心理－通俗读物 Ⅳ．①B848.4-49

中国版本图书馆CIP数据核字(2013)第 225128 号

出　版：团结出版社
　　　　（北京市东城区东皇城根南街84号　邮编：100006）
电　话：(010) 65228880　65244790
网　址：http://www.tjpress.com
E-mail：65244790@163.com
经　销：全国新华书店
印　装：三河腾飞印务有限公司

开　本：170X230 毫米　　1/16
印　张：13.75
字　数：216 千字
版　次：2014 年 4 月　第 1 版
印　次：2014 年 4 月　第 1 次印刷

书　号：978-7-5126-2107-7/B·199
定　价：29.80 元

| 目　录

写在前面

　　长年累月爬行于文字堆中，在看到新闻和观点的同时，也看到了新闻和观点背后的人。顺便摘编出来，与读者诸君分享。由于资料来源碎杂，不方便一一注明出处，在这里特向资料的原始提供者先行致谢！我们这个时代，面临着国家转型与民族复兴的特殊历史使命，需要每一位国民都尽到应尽的社会责任，把自己的人生价值最大限度地发挥出来。编者将分散于不同人身上的故事和话语汇集在一起，就是为了找到一股激励我们前行的力量。说明一点，本书虽名为《这个时代的人》，但受个人阅读和关注范围所限，并不副实，属于带有明显个性痕迹的产品，还望大家体谅！

2011 年 9 月 10 日，清华大学学生蒋方舟在北京尤伦斯当代艺术中心做演讲，题目是《清醒地成长》：

前两天，我看了网易新闻做的一个专题，叫做 "CBD 的午餐"。专题采访了在北京 CBD 工作的商业顾问、建筑师、室内设计师、媒体人等等。每天的午餐成为了他们最大的烦恼，好的太贵，便宜的太脏。每天在食堂吃太单调，在便利店吃人多得像要打仗。

CBD 是北京的中心，它在短短几十年内变得如此繁华漂亮，每次我路过的时候，都会不由自主地产生 "中国真的成为盛世强国" 这一类复杂的感叹。每年都有很多面孔新鲜的年轻人涌入这里，建设这里，维护这里的正常运转，把自己的梦想，捆绑在中国的 "强国梦" 上。

然而，每天最基本的吃，都成为很大的烦恼，消磨着对生活的热情。而这只不过是年轻人每天几十万烦心事中的一件而已。

今年 3 月份，我搬出了学校，在外面租房子住。我住的地方叫做五道口，这里有一个别名，叫做 "宇宙的中心"。很多门户网站都在这里，例如搜狐、网易之类的。

每天早晚，我上课放学，都与这些网站的年轻员工们同进同出。我看他们每天早上挤下地铁，晚上再重新挤回拥挤的地铁。脚步匆忙、面色疲惫。他们几人合租一间屋子，个人空间只有一间卧室、一张床和一台电脑而已。

我每次看到他们，总会产生很大的恐惧，我在想：是不是就是这样了？生活就是这样？未来就是这样？理想，也就是这样了？

我出生在湖北的一个小城市，家里都是铁路系统的。这个系统非常封闭，几乎买断了一个人的生老病死。我的很多小学同学，现在已经像他们的父母一样，进入了铁路系统工作，成为了一名优秀的铁路职工，一生大概都不会离开那座小城市。

我放假回家和他们聊天，他们会表达对自己生活的愤懑与不满，说自己原来的理想是能够去一线城市当白领。他们羡慕我能够离开这座鸡犬相闻的小城，觉得能够来到北京的我，前途是无可限量的。我想到每日所见的白领生活，不知该说些什么。

十五岁的时候，我去湖北最好的高中上学，周围有很多同学是"富二代"，家庭提供的物质保障让他们可以去享受漫长的青春与轻狂，整个世界都像是他们的。今年再次和他们偶然在网上遇见，却发现其中的绝大部分已经出国了，有的是去读书，有的干脆已经移民。他们也劝我出国，说："中国什么都不好，出去你就不再想回来了。"

听说这个世纪，就会是中国的世纪了。如果世界是个环形大跑道，那么中国已经跑在了前面。

中国内部，则更像一个大跑道。所有人朝着同一个目标狂飙猛进，同心同力，身不由己。终点是什么呢，是幸福么？是成功么？是北京三环内的一所房子么？大家都一直跑，一直跑，渐渐的，所有人都忘了这个目标是什么，甚至也不敢去过问。

我的小学同学们，那些一辈子也许都生活在故乡的年轻人们，认为自己起步慢、起点低，永远不可能赶超，因此放弃了，把自己视为社会的底层而在后面慢慢踱步。

我的高中同学们，看不起这场游戏，所以干脆离开运动场，不陪你们玩儿了。

而其他所有人，都没有足够的勇气去离开这个跑道，去反抗这个规则，因为所有人都在跑啊。勤劳勇敢的中国人，不断创造出大量的财富，金钱在中国流动着，资本便调配着每个人的生活。钱流向一线城市，便杀进"北上广"。钱流向体制内，便冲进体制内。

要清醒地成长，必须有脱离这个轨道的勇气。即使轨道之外，并不许诺成功。今年，我陆陆续续接触了一些年轻人，一些与众不同的年轻人。有的高中生放弃了名校，去就读企图建造乌托邦的南方科技大学；有的大学生，刷海报、拉选票，去参选人大代表；有的师兄师姐毕业了，也放弃名校、外企这样的选择，去做一些他们认为能够改造社会的事情。

没有什么"形势永远比人强"，因为所有的墙壁，其实都是门。

如果一千个人中，有一百个人，有自己与大环境格格不入的内心世界。一百个人中，有十个人有离开这个跑道，忠于内心的勇气。十个人中，只有一个人获得了成功。那么未来的社会，也许会大不一样吧。

未来的中国，会变成一片原野。有跑的、跳的、在阳光下晒太阳的。少有所学，壮有所为，老有所安。盛世强国下的年轻人们，人人有选择的自由，和择善从之的勇气。

学者刘东在恢复了的清华大学国学研究院任教，在他办公室的门上，贴着陈寅恪追思王国维的名句："独立之精神，自由之思想"。

有人请北京大学教授周一良写一篇介绍他的老师陈寅恪如何治学的文章，他当即答道："我不能写，我已经被老师逐出师门了，因为我没能坚持老师教导的'独立之精神，自由之思想'，所以我不配写。"

北京大学教授谢冕曾经给校长周其凤写过信，建议用"独立的学术自由的思想"做北大的校训。他说："当然我知道这建议不会被采纳。明知不会被采纳，我也要这样表达。我一生信奉和追求的境界，就是思想的自由、学术的独立。"

新华社记者杨继绳记得，在清华大学上学期间，几乎对每一届毕业生，蒋南翔校长作报告的时候都要讲，你们要在这个社会上立足有两条，第一，要听话；第二，要能出活儿。做到"听话出活"，这一辈子就好过。从事后的结果来看，杨继绳觉得这话很有道理——清华出来的人，听话的，出活儿的人，都混得比较好。"不听话，你有再大本事也不行。我当时也觉得，听话是理所当然。"杨继绳说。不过，往深处想，他认为蒋校长这些话好像父亲对儿子讲的，不像教育家讲的。

杨继绳退休后在《炎黄春秋》杂志社工作，他的同事徐庆全描述说，杨的装束很有幽默感，甚至有点喜剧色彩。从堂堂清华大学毕业，又在国家通讯社工作多年，他仿佛从没有什么变化，还是朴素的农民装扮。说得高一点，是七八十年代常见的小干部形象：背一个那种低档次会议上发的廉价的烂包，穿着疑似于中山装的休闲装。但他却一点也不低调，进办公室总是昂首阔步的。刚和他成为同事时，每每看到他这副装束，我就情不自禁地偷着乐。有一次他偶尔回头看见我在乐，竟然一脸无辜地问："有什么好事？"搞得我啼笑皆非。

在南京师范大学艺术学院徐悲鸿艺术研讨会上发言时，画家陈丹青谈到了"为什么我们的时代没有大师"的问题，他使用了一连串的疑问句：徐先生一辈子的座右铭是"一意孤行"，今天哪位艺术家胆敢"一意孤行"？今天，我们所有艺术家的身家性命"一意孤行"得起吗？我们不但不敢"孤行"，我们甚至没有自己的"一意"，在座哪位说得出自己的"一意"是什么吗？徐先生是一位民国人，一位民国时代的文人艺术家，是什么成就了徐大师？是什么成就了五四精英成为各个领域的大师？是什么使这些大师至今无可取代、无法复制、无法超越？

1958 年出生的郭明义，是辽宁鞍山钢铁集团齐大山矿的一名公路管理员，他自己过着清苦的生活，却几十年如一日，坚持做好事，无数次捐款献血，被人称为"雷锋传人"。在郭明义被官方树为榜样宣传开来之前，发生过这样一件事：有一年同学聚会，即便是下岗吃低保的同学，也衣着光鲜，只有他，依然是一身灰色的矿工服。久违的同学见面，唠嗑的唠嗑，拥抱的拥抱，郭明义却显得颇不合群，他不仅迟到，而且早退。大家起哄让他表演节目，他张嘴就唱了一首《爱的奉献》，一字不减。他还朗诵了一首自己写的诗。郭明义的一位同学说，虽然大家都鼓了掌，但掌声复杂，有真心赞扬的，也有起哄的。对郭明义的行为，不只是同学，他身边的工友们，早先同样也是不理解。他们给他起的外号很多，"郭大傻"、"郭败家"，甚至有一段时间，都以为他有"病"。

画家吴冠中年轻时受益于吴大羽，而吴大羽却告诉他：贼（害）人者常是师，信人亦足以自误。1991 年，中国历史博物馆主办"吴冠中师生作品展"，展出了吴冠中和他亲自教授的 13 位出色弟子的画作。令人称奇的是，这 13 位弟子的作品，竟然没有一个人的作品，与吴冠中相近或相仿。也就是说，这 13 位弟子，创造出了 13 个流派，而这 13 个流派，居然没有一个可以叫做"吴门"的。对此，吴冠中非常满意，童心大发，还写出了这样一幅展览的对子：新旧之际无怨颂，唯真与伪为大敌；横批为不囿于师承，不屈于风尚。

北京大学中文系教授钱理群在总结学生和老师的关系时说，初做学生的时候是个描红阶段，就是全面地向老师学，甚至某种程度的模仿。就像我们写字一样，启功是著名的书法家，向他学写字就得先描红，最大限度地学这个老师的特点。但是模仿到一定阶段，你就必须走出来，否则的话，你就会永远在老师的阴影底下。你的导师越强，他对你的影响越大，你就越要有反抗他的力量，走出他的阴影，否则永远是老师的影子，这样的学生是没有出息的。我想真正的老师也会期待自己的学生不要永远像自己。永远像老师的学生绝对是比老师更差的学生，这是个绝对规律。

留美归来的生物学博士方舟子，没有在科研单位做学问，而是以民间个人的身份，搞起了打假活动。他揭露伪科学，揭露学术腐败，揭露一些公众人物的假学历，得罪了很多人，搞得官司缠身，甚至人身安全都受到了威胁。周围的人说，方舟子对真相有"洁癖"，打假时从不讲究策略，从不"得饶人处且饶人"，为了自认的科学和真理完全不顾朋友，所以他不属于任何一个小圈子，就像无法找到大部队的堂吉诃德一样，孤身挑战一个又一个风车。有好心人提醒方舟子，"战线拉得太长了"，但是他在微博上的一句话，将他的个性展露无遗：没有兴趣听取关于为人处世的任何忠告。方舟子的打假活动得到了妻子的理解和支持，并说："期待中国社会不再需要方舟子以一己之力抗拒群魔的那一天。"

文化圈里的人认为作家刘心武脾气比较古怪，对此他表示认同，说主要是在人际关系上很不愿意将就，"因为一个人你说是一个生命个体，那么又在群体中生活，一个人总要和他人发生关系。在和他人发生关系时，当然你要保持你的独立性，但是你还是要有一些起码的、公关的这种能力和技巧，那么这方面我基本是劣等生。"

拍摄过《盲井》、《盲山》的电影人李杨，这样形容自己脱离体制之后的不适应："当你可以自由选择的时候，你却不会选了。我就像一个捆绑的人被放在小坛子里，过了几年以后，坛子打碎，我被放出来，别人说你可以走了，我却不会走路，身体还维持着那个坛子的形状。"

2011年3月，画家刘小东在接受《南方周末》记者李宏宇采访时，谈起了台湾电影导演侯孝贤："我去台湾，侯孝贤陪我吃饭，坐地铁，倒了好几趟车，40分钟以后到了一个小馆子，东北菜。他觉得我是东北人。我说你这么大牌，应该有个司机至少自己开车吧，60岁的人了。他说我完全可以有，但我是电影工作者，我要每天听大众谈什么，否则我就会被架空了。"刘小东评价"这很动人，他害怕脱离老百姓的生活，这是一个正常人的态度"，并说"反过来，在内地这样有名的人，包括我自己，真的很难做到这一点"。

从事英语教育的罗永浩说：希望那些喜欢用"枪打出头鸟"这样的道理教训年轻人，并且因此觉得自己很成熟的中国人有一天能够明白这样一个事实，那就是：有的鸟来到世间，是为了做它该做的事，而不是专门躲枪子儿的。

从事文学评论工作的刘再复曾经感叹："就是在同一个北京大学，在蔡元培的时代里，教授们都有很多故事，在他们之后，还是一些教授，如顾颉刚、梁漱溟等，也有很多故事。然而奇怪的是，到了本世纪的下半叶，北京大学的教授们似乎没有故事了。他们除了著书、教学和写自我批判的文章之外，顶多还留下一些'思想改造'中的笑话，没有属于自己的故事。"他引用密勒的名言："一个社会中，怪僻的数量一般总是和那个社会所含的天才异秉、精神力量和道德勇气的数量成正比。今天敢于独立怪僻的人如此之少，这正是这个时代主要危险的标志。"

刘再复说："在许多时间中，我甚至觉得自己不是人际关系中的一个人，即不是'关系中人'，而是自然中人。"

1998 年 12 月 19 日，88 岁的钱钟书在北京病逝。3 天后，他的世交李慎之前去参加在八宝山举行的火化仪式："我不知道这能不能叫做仪式，因为遗体只是在八宝山的第二告别室停放了 20 多分钟，在场的也只有相伴了他一辈子的杨绛先生和几个亲属，社科院的一两个领导和几个办事人员，一共只有十来个人。偌大的告别室，空荡荡的，没有松柏，没有鲜花，更没有花圈和挽联，甚至没有照片。杨绛先生领着大家鞠了三个躬，遗体就推到火化室去了。遗体一直盖着白布，上面洒着玫瑰花瓣，连头都蒙着，我还是没有能见到最后一面。"

"第二天一早，又因为《胡绳全书》出版，我应邀参加发行式，那可真是冠盖云集，社科院大院里都叫小汽车给塞满了。而且因为有中央领导同志出席，从大门、二门到三门，都设了岗卫，我不知怎么忽然对昨天的告别有一种凄凉的感觉，但是马上又觉得我的想法实在有点亵渎钱先生。钱先生一生寂寞，现在'质本洁来还洁去'。最后连骨灰都不留，任凭火葬场去处理。'千秋万岁名，寂寞身后事'，他自己的选择是他一生逻辑发展的自然结论。何况钱先生本来就是'天不能死，地不能埋'的人。"

钱钟书去世后，黄永玉写的悼念文章中提到几则逸事：有一晚下大雪，我跟从文表叔、钱先生在一个什么馆子吃过饭，再到民族饭店去看一位外地前来开会的朋友。那位朋友住在双人房，不久同房的人回来了，是位当红的学者。他穿着水獭皮领子黑呢大衣，原也是沈、钱的熟人，一边寒暄一边拍抖大衣上的雪屑："就在刚才，周扬同志请吃饭……哎呀！太破费了，叫了那么多菜，就我们三个人，周扬同志坐中间，我坐周扬同志左边，红线女坐周扬同志右边……真叫人担心啦！周扬同志这几天患感冒了，这么大的雪还要抱病请我吃饭，真叫人担心啦……"

探访朋友的时空让这位幸福的学者覆盖了。钱先生嫣然地征求我们的意见："我看，我们告辞了吧！"

受访的朋友挽留不住，在房门口握了手。

下楼梯的时候，钱先生问我："记不记得《金瓶梅》里头的谢希大、应伯爵？……"

有权威人士年初二去拜年，一番好意也是人之常情，钱家都在做事，放下事情走去开门，来人说了春节好跨步正要进门，钱先生只露出一些门缝忙说："谢谢！谢谢！我很忙！我很忙！谢谢！谢谢！"

那人当然不高兴，说钱钟书不近人情。

事实上，钱家夫妇是真在忙着写东西，有他们的工作计划，你是个富贵闲人，你一来，打断了思路，那真是伤天害理到家。人应该谅解和理会的。

"四人帮"横行的时候，忽然大发慈悲通知学部要钱先生去参加国宴。办公室派人去通知钱先生。钱先生说："我不去，哈！我很忙，我不去，哈！"

"这是江青同志点名要你去的！"

"哈！我不去，我很忙，我不去，哈！"

"那么，我可不可以说你身体不好，起不来？"

"不！不！不！我身体很好，你看，身体很好！哈！我很忙，我不去，哈！"

钱先生没有出门。

一个外国读者看完《围城》之后，十分敬佩，想要登门拜访钱钟书。钱钟书在电话中说："假如你吃了个鸡蛋，觉得不错，何必要认识那下蛋的母鸡呢？"

这个时代的人

在钱钟书八十寿辰之际，有关部门要给他大张旗鼓地祝寿。对此，钱钟书委婉而坚决地谢绝了。事后有人问及原因，钱钟书答曰："不愿花不明不白的钱，不愿见不三不四的人，不愿听不痛不痒的话。"

刘再复在中国社会科学院文学研究所工作期间，与钱钟书是同事。他眼里的钱钟书是这样的："他不喜欢见人，不喜欢社交，不参加任何会议，他是政协委员，但一天也没有参加过政协会。我们研究所有八个全国政协委员，唯有他是绝对不到会的委员。他是作家协会的理事，但他从未参加过作协召开的会议也不把作协当一回事。有许多研究学会要聘请他担任顾问、委员等，他一概拒绝。"钱钟书不介入俗事，不进入俗流，究其原因，刘再复认为除了洁身自好的品性使然之外，还有对社会的防范心理。

钱钟书一生，坚持不参加任何党派，有人认为是他瞧不起组织，是骄傲。他的夫人杨绛说，钱钟书自小打定主意，做一名自由的思想者，并非瞧不起。

北京大学中文系教授王瑶，于 1989 年 12 月 13 日在上海病逝。他去世前最后一次公开讲话，是在苏州现代文学理事会上："你们不要瞻前顾后，受风吹草动的影响，要沉下来做自己的学问。"当时很多年轻人都问："我们下一步应该怎么办？"王瑶说："不要问别人你该怎么办，一切自己决定，一切自己选择。"

王振耀 1989 年进入民政部，历任处长、副司长、司长职务，很多熟悉的朋友和同事都称他为"学者型的官员"。王振耀说："这里既有褒的含义，即认为有一定学问，对问题很有研究，但也有贬的成分，即认为不熟悉官场的潜规则，只看到表面的工作和程序。我心里其实很清楚，那些潜规则，不是不可学，而是不能学，因为学会那个，就会失掉自身，就会将一生的安身立命之本丢掉。"

2001 年，王石去云南参加一个企业家论坛，发言时讲到万科的不行贿，没有听到掌声。后来发言的一位企业家嘉宾说："王石先生不行贿，我很佩服，但那只是个案，因为在中国不行贿，一事无成，比如说我自己就行贿。"他说完这句话，台下300多位听众报以热烈掌声。这让坐在台上的王石很尴尬，也给了王石很大刺激，行贿的反而成英雄了？

王石将"不行贿"作为一种行为底线，是有来由的。他自己说："创业之初，我在深圳搞玉米贸易，为了能弄到两个计划外火车皮指标，让同事给火车站的货运主任送去了两条烟，人家没有收，打回来了。我第一反应：是不是我送的礼太轻？进一步接触，这位主任批给了我两个计划外火车皮的指标，但依然没有收下我的香烟。他表示：之前曾观察过我，还看到我和工人一起扛饲料大包，觉得我是一个认真做事业的年轻人。对这样有志气、实干的年轻人，主任十分愿意帮一把忙！"王石对这位主任一直心怀感激，"这件事情，让我萌生了多年一直坚守的信念，只要你真心诚意，勤恳做事，不用走歪门邪道也可以'成事'，可以实现理想。"

格力电器董事长董明珠说：我记得做业务员的时候，我们三个女的业务员，在一起交流。我听她们讲，哎呀，我找了某某领导啊，跟他怎么样搞好关系啊，请人家吃下饭啊，说点好听的啊，可能就解决了问题。我听着就觉得，这不是凭我的实力，去做一件事情。

我不喝酒，我不吃饭，这是我的原则。我做销售那么多年，我的方法很简单，你拿了我三十万的货，我叫你半个月就把它卖掉了，你必须还要拿我的货。如果我跟那两个女同胞一样了，天天没事就跟人家去喝酒啊，唱歌啊，然后女同志又把女性的特点表现出来，装作很弱者啊，让别人同情啊，可能今天能拿到十万、一百万甚至一千万，但是明天还能不能拿到呢，没有了。而你把货卖掉了呢，那自然而然是你求我，不是我求你，你必须要拿我的货。

我现在出差经常还是一个人。很多人都跟我说，有的企业老板做一两百个亿，甚至十个亿，可能前后都有很多的人跟着，不是秘书就是保镖。我到现在为止一千个亿，还是依然一个人，想到哪里去，自己来来去去，我觉得没有什么，我跟普通人是一样的，我的职务、我的权力只不过在工作当中。

中央电视台主持人白岩松出生于内蒙古自治区呼伦贝尔市，1989年北

这个时代的人

京广播学院新闻系毕业后留京工作。2011年3月20日，他在重庆大学演讲时说，"我在北京没有一个亲戚，我没有因为自己的工作送过一回礼，我不也走到了今天吗？我知道社会上有很多不良的现象，我告诉你，去信那些该信的东西，因为它能改变你。"

白岩松在《幸福了吗？》一书中提到：从我进电视台起，这十几年，从来没进过两任台长的办公室，从杨伟光到赵化勇。因为我觉得，没什么可找的，认真地把自己的事做好就行了。同理，这十几年的时间里，连新闻中心主任的办公室，我进去的次数也屈指可数，而且无一例外，都是主任找我。我感谢这些领导，也坚信着自己的想法，做好自己的事，就是最好的立身之本，能有一个相对单纯的环境，于做事来说，太难得。

朱苏力2001年至2010年期间，担任北京大学法学院院长，但他不喜欢应酬，而且有勇气拒绝应酬，几乎每天中午在办公室吃盒饭。他这方面的传说很多，其中一个发生在武汉，当地法院院长邀请他吃饭，他说没时间，因为晚上要回宾馆看电视连续剧《还珠格格》。

百度创始人李彦宏一直活在自己的世界里，高中文理分班时学理科，报考北京大学，出国留学，回国创业，都是自己决定。在大学班主任陈文广眼中，李彦宏行事低调，为人平和，几乎没有给人留下什么印象，唯有一点特别突出："他一直知道自己要做什么。"他的大姐李秀华说："别人反对，他不怒，不愿跟人交涉，也不听别人的，自己拿主意。"

世界银行驻中国代表处高级专家张春霖是吴敬琏的第一个博士生，他讲的一件小事很能反映吴敬琏的性格。张春霖有一年过年回家，返京之后探望吴敬琏，吴敬琏一张口就问当地的经济发展如何，有没有什么变化，压根就想不到要嘘寒问暖地关心学生本人的情况。"他就是这样的人，在人情世故方面很不擅长，对于人际关系也不太在意。"吴敬琏的女儿吴晓莲说。

曾经担任吴敬琏多年研究助手的自由撰稿人柳红认为，吴敬琏这个人其实有点"迂"，"比如，他和其他经济学家一起被国家高层领导人请去谈经济形势，他会用很长时间去讲他的看法，没想到别人也很珍惜在领导人面前讲话的机会，他这样做就让人家不高兴了。但是其实他才不是要在领导面前怎么样，他就是迂，他认定的那点事，他就是要跟你一直讲。有一次我们去浙江考察，我看到大家在途中都睡觉，只有他一个人不睡，他干吗呢，他跟他同座位的某个老省长的小秘书认真地讲国有企业改革，途中有几个小时他就讲了几个小时。你想，他跟一个看上去什么都不懂的小秘书都能一讲就讲好几个小时，那在领导那儿，他可能就他认为重要的某个问题上就这么讲开了，但是，他就会被别人或是误解、或是嫉妒，引起别人的不高兴。"

曾有记者问吴敬琏："你对自己成为决策层智囊是否感到骄傲？"吴敬琏回答说："智囊不智囊的，一点不重要的，作为经济学家首要的职责是研究科学，是做一个有独立立场的观察者。"吴晓莲也说："公众可能认为我的父亲距离决策层很近，但我不觉得他自己是这么认为的，他只是将自己定位为一个学者，向决策者提出尽可能正确的建议，至于被不被采纳，那是另外一回事。"

2012年6月10日，林毅夫从世界银行首席经济学家兼高级副行长的职务上卸任归来，与夫人陈云英一起，出现在首都机场。

迎候他们的是十多个人的欢迎队伍，既有中央统战部、全国工商联的官方代表，也有他们的家人和北大的同事。

有去过现场的人说："本来是个简单寒暄的场合，但讲了几句开场白后，林老师就开始大谈对世界经济的看法，说了半个小时，在夫人提醒下才结束。"

如同事们所言，这是林毅夫一贯的风格，"永远在谈经济"。与林毅夫有过研究上的合作的蔡昉也说，两个人从1987年认识起，二十几年的交往，见面几乎只谈"学术问题"。

复旦大学经济学院教授韦森在澳大利亚留学、工作期间，一度住在任教莫纳什大学的杨小凯家。韦森形容杨小凯："一谈思想方面的话题，他可以滔滔不绝；一谈到吃喝这些日常生活话题，他一两句说完，就没话了。"

季羡林衣着朴素，常年穿一身蓝色中山装，有这样一个小故事广泛流传：季羡林任北京大学副校长时，一天在校园碰到一名男生背着沉重的行李，来校办理入学手续。这名男生向季羡林求援："大爷，帮我看会儿行李，我去办手续！"季羡林欣然应允。这名男生说完就跑走了。结果，季羡林站在太阳底下苦苦等了一个多小时，这名男生才气喘吁吁地跑回来对季羡林说："谢谢您，大爷！"说完，背起行李走了。第二天举行开学典礼，当季羡林上台讲话时，那个让季羡林看行李的男生眼前一亮：给我看了那么长时间行李的老者，竟然是大名鼎鼎的季老先生！

这个小故事有点像电视小品，然而其情景是真实的。中央电视台主持人朱军曾当面向季羡林核实此事，季羡林回答："有这么档子事！但关于其中的称谓得更正一下。那个学生当时不是称我'大爷'，而是'老师傅'！"

季羡林早年在国外留学的时候穿西装，回国以后又穿了几年，以后嫌啰嗦就不穿了。他说："我有一点逆反心理，我就不穿，到哪儿就是这一套中山装。你愿意看就看，不愿意看就算了。"

自古圣贤皆寂寞，关于孤独，香港学者饶宗颐有一番肺腑之谈："要深入了解问题，不孤独不行，吃喝玩乐只是凑热闹的活动，对自己没什么好处。要研究一个问题便要回到孤独，让书本围绕你，清静地想，从孤独中发掘光芒……那就是说要利用孤独。"

上海师范大学教授萧功秦观察到这样一个现象：中国人的人生追求十分单一，而且很在乎别人如何看自己，平时谈话的内容不外乎是房子、汽车，在世俗生活的享受方面，似乎有很强的从众心理，不像西方人那么多元化。在西方，确实有不少人只关心自己的物质生活，但也确实有为数不少的人在追求其他东西，例如有的人喜欢冒险，而在日常物质享受方面则相当随便；有的人成了事业上的亿万富佬，但生活却十分朴素，始终开一辆普通的车子。他们对于别人以何种方式生活，追求什么，物质生活得如何好，可以完全不在乎。每个人都以自我为中心，追求自己觉得值得追求的价值。

由此，萧功秦发出了这样的疑问：为什么我们缺少特立独行的人生态度？

在萧功秦看来，一个不能宽容特立独行的人生态度的民族，是很难产生天才的。天才就是那些具有常人所没有的思想与行事方式的人们。他们对于社会的意义在于，他们以全部的心思投入到自己的事业中去，并经由这种超越来达到常人难以达到的境界。只有在那种境界中，才有可能发现常人难以发现的事物的本质。

萧功秦觉得，一个独立的知识分子，在追求事业的目标过程中，应该有意识地保持一种自我边缘化的心态。体制内的稀缺资源，如财富、荣誉、地位、权力，高度集中，为了获得这些资源，人们就会不得不受体制的规矩、标准与要求的约束，一个人的精力时间是有限的，如果埋头于追求体制内的资源，结果或许你得到了，你却失去了自由，头发已经白了，自己的东西并没创造出来，年岁已经过了创造的最佳时段。

所以，他常常这样想：我们能不能在体制可能提供的各种稀缺资源之外，独立寻找知识分子安身立命的新的方式。例如，不一定要参加国家评奖，也不一定非要向国家级刊物或核心刊物投稿，同时，也不一定非要申报重大课题。一个学者能不能走一条体制内的"自我边缘化"的学术路径？我们能不能尝试一下，在不受我们现存的体制提供的各种条件与资源约束的情况下，做出一番自己的事业来。

导演张艺谋曾说，他喜欢安静，不善于与人交往，大年初一初二他都待在家里。他家有很多亲戚，有的几十年他都没见过。他在与人打交道方面的能力确实不行。他也不爱说话，当摄影师时就很少说话，做导演后嘴巴练得利索一些了，但一离开电影，他就又不行了。其实，做导演不擅长说话是会得罪很多人的，但他改不了，天生就是这样，没办法。

万通董事长冯仑指出，所有的人只有两种人生，一种是95%的人按照普通人生存发展的一般游戏规则去做。25岁要结婚，27岁生孩子，当了爹妈以后带孩子学钢琴，配偶下班得回家，节假日陪孩子。这就是正常。按这套规则下来，基本有个安全感，能正常生存。但还有5%的人有第二种人生。这些人创造生活、改变命运、挑战未来。他们已经过了正常的线，他们的是非标准进入了另一个状态。伟大的人都会有一种深刻的自由状态，都会把自己放在历史长河中观照自己，知道自己在演什么。因为非常清楚自己怎么回事，别人吹捧没用。

伟大实质上是一个基因。冯仑经常开玩笑说，30岁不结婚人家认为你嫁不出去，你一辈子不结婚就是一种活法。这就是价值取向，社会行为方式的价值取向。你如果有这个基因，你一生就照着去做，就会变得伟大了。

1995年，上海学者王元化在赠送给弟子胡晓明的一部著作上，钤上"临风挥翰"闲章，并特别说明："'临风挥翰'四字，乃复制家藏永铁所刻闲章，其意取自板桥题画竹石诗：'咬定青山不放松，立根原在破岩中。千磨万击还坚劲，任尔东西南北风。'"

在《九十年代日记》里，王元化坦言："现在学术界有拉帮结派之风，我不参加互助组，也不参加合作社，准备单干到底。"

晚年的王元化说："我不是名家也不是什么大人物，我就是一个小老头。五十年代第一次随团去北京见毛主席，许多人都激动得全身颤抖、语无伦次，但我心态很平静。当主席握着我的手时，我语言清晰地说：主席，您好！祝主席身体健康。随后我就走过去了。"

在《思辨随笔》中，王元化写道："我认为，真正的英雄是和我们一样的人。"

学者李泽厚这样总结自己：我的经历相当简单，但生活的波折仍然不少。当时二十几岁发表了一些有影响的文章，因而环境压力更大了，"白专"之类的非议颇多，下放劳动和工作，我在单位中大概是时间最长的一个。因此身体上、精神上所受的创伤折磨所在多有。这也许是我比较抑郁和孤独的性格一直延续下来的原因。但也有一个好处，就是学会了使思想不受外来影响。我坚守自己的信念，沉默顽固地走自己认为应该走的路。毁誉无动于衷，荣辱在所不计。自己知道自己存在的价值和意义就是了。

2011年，李泽厚与刘绪源对话时说：我没有那么多故事，一生简单平凡，"书就是人，人就是书"。我有四个静悄悄：静悄悄地写——一生从没报过什么计划、项目、课题，出书或发表文章之前从不对人说。

静悄悄地读——我有一群静悄悄的认真的读者，这是我最高兴的。我的任何书印数不少于一万册，读者都是一般的青年、干部、教员、企业家、媒体人、军人，等等。他们有的还来看我，也有提问题讨论的。我的书既没宣传，也没炒作，书评也极少，批判倒是多，但仍有人静悄悄地读，这非常之好。我非常得意。小时候父亲和我说以高下品德分四等人："说了不做，说了就做，做了再说，做了不说。"印象深刻，至今记得。

静悄悄地活——近十年，我的"三不"（不讲演、不开会、不上电视）基本上执行了。十年中，也有两次规模较大人数较多的"座谈"，像是演讲，实际还是杂七杂八地回答问题。

静悄悄地死——我死的时候除了家里人，没人会知道。我说过，对弟、妹，病重也不报，报病重有什么意思？牵累别人挂念，干吗？静悄悄地健康地活好，然后静悄悄地迅速地死掉。当然，这也纯属个性，我非常欣赏、赞同别人热热闹闹地活着、死去。我不参加对自己的祝寿活动，但愿意参加或欣赏别人的祝寿活动。

2011年，《读库》主编张立宪返回母校，参加大学毕业二十周年的同学聚会，学校特意组织了很隆重的返校庆典。两天的欢聚结束后，他内心叹息：衷心祝愿我的母校，能够不炫耀哪个领导人来视察过又如何夸过我们，不吹牛招来多少状元又出过多少富豪，不斤斤计较于大学排位、国家拨款和重点科目数量，不洋洋得意于有多少房产和资产。之所以有这个感慨，是因为现实并非如此。成功学的气息弥漫在校园，如何找到工作，如何搞好关系，如何挣钱——多少都不嫌够，成为最消耗师生智商和情商的事情。

中央电视台主持人朱军在《我的零点时刻》一书中，记述了这样一番对话：

有时候和其他的父母聊天，有人很自豪地说："我儿子都不会说汉语！"我半开玩笑道："你儿子是中国人吗？我儿子会英语，但是汉语一定比英语好！"有人说："我们的儿子喝咖啡！"我说："我儿子茶都不喝，就喝白开水。"人家说："我们上某某贵族学校！"我说："我孩子就是上特别普通的小学，正常就好，我觉得这个比什么都重要。"

作家莫言向人诉苦："我也很为难，不写重大题材、敏感问题，就有人批评，你看这个作家，就会写不温不火不痛不痒的问题。如果我写了，他们又会说，你看他又向西方献媚，揭中国的伤疤。现在我就想，他们爱怎么说就怎么说，我该怎么写还怎么写。"

依他之见，"伟大的长篇小说，没有必要像宠物一样遍地打滚赢得那些准贵族的欢心，也没有必要像鬈狗一样欢群吠叫。它应该是鲸鱼，孤独地遨游着，响亮而沉重地呼吸。"

中山大学教授王则柯讨厌被功利和礼节扭曲的人际关系，在学校里显得特立独行。《南方人物周刊》记者林珊珊问他："您和世俗生活保持着距离？"王则柯答："恐怕不能够这样说吧，至少我不想这样。我也希望能够在各个阶层交上许多朋友，只是有时候觉得成本太高。现在一些社会风气已经影响到学校，以至于不会喝酒不会应酬，在学校就会失去不少东西。我不想刻意迎合这种风气，还是怎么快活怎么过。"

在文学批评者林贤治看来，"大学的存在是合理和必要的，知识本身有它的相关性和系统性。问题是大学成立以来所形成的某种体制，所谓的学术规范，如果建立在剥夺学生的自由思想之上；如果一个学校风气保守，没有任何创新意识，是容留旧思想，甚至是僵化的意识形态的栖居地，这种地方是值得质疑的。"

林贤治不入小圈子，一直充当文学界外的旁观者："3 个人以上的聚会我基本不参加，包括学术会议。参加活动所得有限，甚至一无所获、损失极大。学术会议并不能给人带来什么，无非借机彼此捧场，互相抚摸一下罢了。"

1993 年，胡鞍钢在美国耶鲁大学经济学系做完博士后研究归国时，本有机会进入中共中央政策研究室、国务院研究室或中共中央办公厅调研室，但他最终没有选择这条路，而是回到了他曾经就读的中国科学院。他认为，"不入圈"在某种意义上是没有既得利益，既没有个人的私利，也没有部门的或地方的利益，实际上就保持了独立人格和自由发言的权利。因为考虑问题的出发点是国家利益，没有个人利益，就能无所畏惧地陈言。

钱学森和蒋英于1947年在上海结婚，婚后不久，钱学森回到美国，一个多月后蒋英赴美与钱学森会合，在异国他乡开始了他们的新婚生活。

他们愉快地在一起吃早饭，钱学森泡了一杯茶，喝完，突然站起来向蒋英告别。蒋英晚年时回忆："他说我走啦，晚上再回来，你一个人慢慢熟悉吧。我很惊讶，这叫结婚啊？我第一天来呀！"

人生地不熟的蒋英独自等待着钱学森回家，直到夜色来临。蒋英说："到晚上五六点钟，他回来了，很客气。他问吃什么饭？我不会做饭，不知道怎么做。于是，我们就到外面吃了一顿快餐。他跟我说：到礼拜六礼拜天，我陪你去买菜，咱们一起做菜。他给我介绍美国生活，我觉得很有意思。"

一回到住所，钱学森的举动让蒋英吃了一惊。蒋英回忆说："他就说回见、回见。我还没反应过来，他就拿了一杯茶到小书房里去了，门一关不见人了。到晚上12点他出来了，很客气。我也很客气。就这样，从结婚的第一年第一天到以后这60几年，他天天晚上都是吃完晚饭，自己倒一杯茶，躲到小书房里去看书，从来没有跟我聊天，更没有找朋友来玩。"

钱学森曾向蒋英许诺，退休后游历祖国名山大川，却因怕高规格的接待和怕违背自己"不接受吃请，不参加任何'应景'活动，不题词，不接受礼品，不写回忆录，不同意塑像和立功德碑，不接受采访"的原则，而未能如愿。

钱学森和蒋英的家坐落在中国航天大院内梧桐掩映中的红色砖楼里，夫妇俩常在院中散步、晒太阳。

自由撰稿人余世存在探讨"中国人是否该选择在体制内生存"的话题时说："人必须对自己的选择负责。人得自己确立生活的意义，而不是依附体制、名词、主义过日子。"

这个时代的人

1980年，杨丽萍进入中央民族歌舞团之后，她特立独行的性格开始慢慢显露出来。那时候，所有的团体都是从前苏联学来的课程，全部都是练芭蕾。而杨丽萍不喜欢练芭蕾，她觉得自己用不着，不想走那个弯路。

"我就觉得那些动作又是擦着地又是绷着腿的，而我们的舞蹈都是特别感性的，所以我就拒绝这种练法，我觉得练了那个简直浑身都不会动了。"杨丽萍说当时自己就想找到那种站在土地上，找到大自然精髓的感觉，也一直在琢磨怎样才能把这些提炼成一个肢体上的表现——"看看蝴蝶飞翔时翅膀是怎么抖动的，火苗摆动的时候是什么姿态，用自己的想象力创造出动作来，这就是舞蹈。"

1986年，杨丽萍表演的独舞《雀之灵》，获第二届全国舞蹈比赛创作一等奖、表演第一名。她的表演在比赛评委中充满了争议，但她独特的风格、独特的视角和创造还是赢得了大家的认可。当时有评论说，这是胳膊拧过了大腿。

北京华远公司董事长任志强在"文革"中，在部队看第二次世界大战的历史，苏联元帅朱可夫的风格对他产生了很大的影响：我就坚持自己的意见，你让我干我就干，不让我干我就撤，但是，我得做我自己。

任志强说："我在部队，就是坚持我自己的意见。后来发现，在坚持自己意见的情况下，是不能进体制内，一定要到体制外去。所以，我复员以后，宁愿在体制外做这些事。那时，我觉得受体制管制，比如部队这一套东西，让你有很多想法实现不了。我为什么被视为'鸡肋'呢？就是因为我提了很多好主意，有些他们会采纳，但是，得以他们的方式采纳，而且他要不同意的话，你的想法就不能实现。"

任志强的这种风格在其他方面也有表现："我当人大代表时，人家又说我老投反对票，还是弄个政协委员吧，你爱说什么就说什么，反正你没有投票权了。所以后来又让我当了市政协委员。"

有人问老舍之子舒乙，先人的光芒会不会对他产生一定的压力？他回答："有压力与否完全在于自己。如果只依赖先人的名望，倚着先人这棵大树乘凉，肯定有人戳脊梁骨，认为你亵渎名门。所以自己一定要做出成就来，而且不要和先人有太多关系。相反，还可以把先人的声望当成一种鞭策。"

1994年，一批学者发起成立了中国第一个民间环保组织——"自然之友"，历史学者梁从诫出任会长。梁从诫的祖父梁启超、父亲梁思成、母亲林徽因，在中国都可以说是如雷贯耳的名字。后来梁从诫解释说，我当时发起"自然之友"的时候，也没有想到退隐啦什么的，根本没有想到这些。只是一帮朋友在一起，大家觉得中国的环境问题确实很严重，我们有义务、也有权利监督和批评，去制止那些不利于环境保护的措施执行。我也不认为这是一个什么前途很辉煌的事业，甚至有人怀疑我做这个事就是为了要出风头，说是"别的名人后代隔那么两代都默默无闻了，这个梁从诫是挣扎着要从水下浮出水面，最后居然还让他弄出些响动来了"。好像我搞环保就是为了要挣扎着冒出水面，弄出些响动来。

1988年，吴青第一次当选北京市人大代表，就在会上投了两张反对票和一张弃权票，坦率地表达了自己的不同意见。有人问她，你很敢说话，也许是因为你是冰心的女儿，所以别人不敢的，你就敢？吴青回答说，确实一直有人这么说她，但是她认为，这没有什么，正是因为她是冰心的女儿，她才更应该仗义执言，因为有些人真的是利用他们的爸爸妈妈早就给自己捞了不知多少好处……而她却是利用母亲的威信为人民说话。

吴青一直想做一个大写的人，她说："我觉得我现在到这个份上，我不管别人怎么说我，因为一个人要是凭别人对你的评价来活，太累了。我觉得我做的对的，我得到群众拥护，我就做到底。你要靠别人活，你怎么活？无法活。所以我就觉得你就要靠你自己，我觉得作为一个女人更得这样，不管人家怎么想，你就是你。"

开国上将张爱萍虽然担任过国务院副总理、国防部部长，但还是得了个"周身是刺"的评价。他自我辩解说："我周身是有刺，但是，不是每一个人我都刺，该刺的我就刺。我自己感觉，我的这个性格与家庭环境和以后养成的习惯有关，我这个人不是喜欢小说嘛，看了很多古代小说，我觉得一个人总是要像一个人才行，起码要讲真话。"

1998年秋，戏剧家吴祖光在接受李文慧采访时，谈到自己交往了半个多世纪的曹禺："他去世前几年一直住在北京医院。有一次我去看他，坐在一起，拉着手谈话，他满面愁容，说起在一生写作上的失落。我说：'你太听话了！'曹禺特别激动，说：'你说的太对了！你说到我心里去了！我太听话了！我总是听领导的，领导一说什么，我马上去办，有时候还得揣摩领导的意图……可是，写作怎么能听领导的？'曹禺是很有才华的，他读书很多，对西方戏剧很有研究，尤其是希腊悲剧。可惜他做人太软弱，太听话，后来没能再写出好本子。当然也不是他一个这样。这就更说明问题了。"

学者梁漱溟之子梁培宽转述父亲的话：他说他的一生是"独立思考，表里如一"。他有自己的思想，他的生活要由自己的思想来做主。旁人的思想也不是不听，但必须经过自己的思考、辨别之后，择善而从。他从来都是按照自己的认识来做事的，不是跟着别人跑。他说我要学佛不是谁劝的，是自己对人生苦乐问题思考的结果。后来接受孔子的思想，也是自己思考的结果，组织民盟也是我觉得应该这么做，不是受谁的影响的结果。因此他说他的一生是"主动的一生"。

作家王小波一直游离于主流文坛之外，他在出版了《黄金时代》一书，并在台湾得奖之后，他的妻子李银河一度想让他申请加入作协，王小波不同意，说连王朔都不加入，我怎么能加入呢？

中国社会科学院晋升研究员需要外语考试，李银河参加了，通过了，获得研究员职称。她的同事黄梅则拒绝参加考试，认为这是对她的侮辱。黄梅的研究方向是英国文学，与李银河一样，同为留美博士，英语当然是很好的。王小波告诉朋友丁东："银河是'叛徒'，黄梅是好样儿的。"

厦门大学教授易中天不是科班出身，没有上过大学，治学风格和其他人不太一样，自称为学术界的"土匪"和"流寇"。他是地地道道的湖南人，"湖南人就是霸蛮嘛，骡子嘛。我就说过反正是骡子，骡子的特点是什么呢？就是非驴非马，既然你已然非驴非马了，你就不要再琢磨着怎么站到驴的队伍，或者站到马的队伍去跟他们相同去，我就是一匹骡子算了。"

在《傲慢与谦虚》一文中，经济学者张五常写道：我从来不否认我是个傲慢的人。我认为我的缺点不是傲慢，而是傲慢之情往往溢于言表。

为什么相熟的朋友能接受我这样的人呢？我认为答案是：他们知道我的傲慢虽然表面化，但在另一方面，我是个很谦虚的人。这话怎么说呢？我不耻下问，求知若渴；若认为可以教我的，拜师之举从来没有犹疑过。

我不相信一个内心不谦虚的人，能真真正正地学得些什么。另一方面，我也绝不相信胸有实学的人，是完全不傲慢的。表面上他们可能不傲慢，但在内心深处他们必有傲慢之情。因此，我认为傲慢与谦虚是没有矛盾的。

在香港大学，张五常曾被学生评为讲课最差的教授，他对此是这样解释的："以香港学生的招法，我应该是最劣的教授，因为我没有讲义，也不写黑板，就坐在那里讲，你能够听到多少就是多少。我进去就讲，一直讲下去。下次我去问前面的学生，上次我讲到什么地方，然后接着讲。"

在《求学奇遇记》一文中，张五常写道："衷心说实话，我喜欢学，学得快，但绝对不是个喜欢跟人家研讨或辩论的人。从广西那沙的日子起我喜欢独自游玩，有自己的世界，而长大后喜欢独自思考，不管外人怎样说。我可以一连数天足不出户，有时一整天呆坐书房。少年时在香港逃学，没有伴侣，我往往一个人坐在柴湾的一块巨石上下钓。根本没有鱼，永远是那块石，只是四顾无人，胡乱地想着些什么，对我是一种乐趣。学术上我很少与人争论，谁对谁错于我无关痛痒。港大有一位同事，一事无成，见我不回应某人的批评，大做文章，说我不负责任。胡说八道。回应批评我可以大量地增加文章数量，但何必做这些无聊的工作呢？思想是自己的，独自魂游得来，是对是错是轻是重，历史自有公论。没有机会传世的学术文字，不写算了。"

在《毋忘"我"》一文的开头，政治学者刘军宁就引用了梁漱溟说过的一段话："中国文化之最大偏失，就在个人永不被发现这一点上。一个人简直没有站在自己立场说话的机会，多少感情要求被压抑，被抹杀。"在刘军宁看来，强迫忘"我"的道德和政治压力，在中国实在是太大了。

刘军宁说自己是一个思想个体户，"我基本上是脱离了社会和学界的人，不参加学术活动，不讲课，不去高校，我编的书、写的书都很少。"

曾经担任国务院副总理的吴仪，喜欢用苏轼的词来表达自己的心迹："莫听穿林打叶声，何妨吟啸且徐行。竹杖芒鞋轻胜马，谁怕？一蓑烟雨任平生。

料峭春风吹酒醒，微冷，山头斜照却相迎。回首向来萧瑟处，归去，也无风雨也无晴。"

北京大学中文系教授林庚曾对其弟子袁行霈说："人走路要昂着头，我一生都是昂着头的。"

宋史学者邓广铭具有"耿介执拗而不肯随和的性格"，秉持"从不左瞻右顾而径行直前的处世方式"。他一辈子都在进行学术论战，对别人尖锐，也能承受别人对自己尖锐，用陈智超先生的话来说，就是"写作六十年，论战一甲子"。邓广铭解释："我批评别人也是为了自己的进步。我九十岁了，还在写文章跟人家辩论，不管文章写得好坏，都具有战斗性。"在临终前的病榻上，他对女儿邓小南说："我死了以后，给我写评语，不要写那些套话：'治学严谨'、'为人正派'，用在什么人身上都可以，没有特点。"

1998年，北京大学百年校庆。有电视台记者请陈翰笙说几句祝福北大的话。当时陈翰笙已过百岁，两眼完全看不见了，精力也很不济，谈话很难持续两分钟以上，但在那天，他好像头脑异常清楚，居然出口成章："祝北大今后办得像老北大一样好。"记者和家人都不干了，就教他说：你说"祝北大今后越办越好"。老先生连说三遍，次次都与原先说的一样，不肯照别人吩咐的说。

前些年，国防大学政治委员刘亚洲曾说过这样一些话：当到一定的职务后，不敢替别人办事，不敢说话，战战兢兢，为什么？不就是为了当更大的官吗？有私欲，你就不可能坚强，你就不可能无畏。人活一场，我不做自己还做别人吗？雷锋咱做不了，朱伯儒咱做不了，我就做自己还可以吧。官帽子像雨点一样往下掉，哪一顶能掉到你头上？不要去追求这些东西，还是去追求一下精神方面的东西，这方面疆界无限宽广。我在生活里是没有锋芒的。我和大家相处都很好。但是，在思想上我是有锋芒的。真正能够刺痛你的，真正能够把人刺出血的，是思想上的锋芒。而不是在于你这个人有多高傲，你有多大的官职，那都没有用。我写过不少书。我宁愿我的书被一个人读一千遍，不愿意它被一千个人只读一遍。有人读得懂我。很多人把锋芒藏起来，我不藏。我藏给谁看，藏了我要干什么。

我对自己的讲话负责。讲对的地方，你们就往心里去，讲错的地方，你们就这个耳朵进，那个耳朵出，莞尔一笑，不要当回事。每个人都是一个个体，每个个体都是自由的。我不能要求我的思想都给你们。我更不能要求把你们的思想都统一到某一个思想上来，那是不可能的，但是我们偏要追求那种可能，这是非常虚无飘渺的，实际上做不到。

有人说，我们这辈子是什么都缺。我们小时候缺菜，长大了缺钙，老了缺爱。年轻时缺知识，安了家缺房子，上了三十缺文凭，有了年龄又缺健康，开放了我们又缺青春，有青春时又缺开明。我们这辈子就是不缺四面八方的提醒，夹着尾巴做人！我们总是生活在别人的评价体系中，想想挺可悲的。但是今天的年轻人不活在别人的评价体系中。这一点很可贵，很难得。

如果大家都不讲真话，那就让我一个人来讲真话好了。欲上天堂，必下地狱。我愿意做思想先锋，我愿意做自由思想的殉道者。我连活着都不怕，还怕死吗？

武汉大学老校长刘道玉先后多次婉拒了上级安排的官职，包括武汉市市长、团中央书记等，他解释："我崇尚自由，只想做自己想做的事，不愿任人摆布，想说自己想说的话，不愿鹦鹉学舌。在一些高官看来，他们是主，群众是民，他们可以搞特权、耍威风，但是他们在其上司的面前，又是某

这个时代的人

种意义上的臣仆，我讨厌这种依附性的主仆关系。古时文人中有一句俗话："不做官，不受管。"我很欣赏这句话，所以就不愿做官。"

优米网总裁王利芬是个喜怒皆形于色的人，过去在中央电视台工作时，她就说过："不知暗暗发过多少誓要改掉这种一眼见底的现状，变得有城府变得深沉，但总不奏效，已过而立之年恐怕早已定型，再说许多看似有城府的人想什么我似乎也知道，所以也就变本加厉，索性直来直去。也许这可能是许多人愿意与我谈话的原因吧。"

定位第二

陆学艺 1933 年出生于江苏无锡，他中学毕业的时候，写过一篇《我的志愿》，就是想当一个农村农业经济学家，探讨怎么解决贫困的问题。他说，这是"出于一个农民子弟的这种朴素的感情。虽然那个时候很穷，自己也在饿着肚子，但是我那个时候就在思考怎么解决大家饿肚子的问题"。

然而阴差阳错，陆学艺转到北京大学哲学系学了哲学，后来又成了中国社会科学院哲学研究所的研究人员。但是，他终究放不下年少时的情结，转了一圈之后，还是回到了自己当初的志愿，调至社会学研究所搞起了农村农业研究。"我觉得我这辈子就得干这件事。"陆学艺说，"全世界每六个人里面就有一个人是中国农民，全世界每三个农民里面就有一个是中国农民。这么大一个社会群体，它的转变，它的命运，不光决定着中国的命运，而且对世界的命运都有重大影响。所以越到后来，越认为农业经济研究是自己的一种历史责任。"

学者李泽厚问：古今中外这么多人，每个人都只生活一次，而且都是不可重复和不可逆转的，那么做什么选择呢？他引用爱因斯坦的话："当我还是一个相当早熟的少年的时候，我就已经深切地意识到，大多数人终生无休止地追逐的那些希望和努力是毫无价值的"，"物理学也分成了各个领域，其中每一个领域都能吞噬短暂的一生，而且还没能满足对更深邃的知识的渴望。"李泽厚点评：一切的选择归根到底是人生的选择，是对生活价值和人生意义的选择，爱因斯坦学会了识别出那种能导致深邃知识的东西，而把其他许多东西撇开不管，把许多充塞脑袋，并使它偏离主要目标的东西撇开不管，这不正是选择吗？

李泽厚说，人生苦短，应及时地找准方向。不做无益处的努力与尝试。有些事情，费了很大的力也不一定能够成功；有些事情，不花费太多的力气，说不定成功了。这是机遇与天赋决定的。有时候你自己认为你在某一个方面有兴趣，但说不定你的专长恰恰是在另一个方面。个人的潜能与兴趣不能等同。

李泽厚说："我这一生，生活简单单调，少有变化，历年填履历表只两行：1950－1954，北大读书；1955至今，哲学所。'社会关系'极其简单，更无何'事迹'可言，我又极少和人交往。真有如海涅说康德是没有什么生平可说的人，人就是书，书也就是人。我和古今许多书斋学者一样，也就是看书和写文章，只做了这两件事，没做别的事。"

2009年11月19日，一场主题为"学术与人生"的座谈会，在北京大学国家发展研究院举行。院长周其仁与同学们围坐在一起，共同畅谈学术与人生。座谈会一开始，周其仁就打趣说，如果他是学生，看到这样题目的讲座肯定不会参加，因为人生都是自己的，自己的路就要自己去走和体会，别人的经验代替不了。周其仁建议同学们，要听从自己的兴趣，大学求学期间要把自己喜欢的方向找到，而且越早越好。外在机会是客观存在的，但内在更为重要。做好非常喜欢的事情，甚至是可以把人生投入到其中的事情，就是竞争力的所在。有价值的东西，总会有人发现。即使努力没有被人看见，也会有助于提升自己的素质，终将受用。

在中央电视台《开讲啦》节目中，万科董事长王石讲述："我当过兵，当过工人，当过工程师，当过机关干部，这样做到 32 岁。当时我在广东的外贸部门，在别人来看，这个职业非常非常好，但是我已经看到我人生的最终会走到哪里去，我当时的身份是副科长，我已经看到了，我一步一步的可以当科长、副处长、处长、副厅长。既然我已经看到了我这一生会怎么过，我的追悼会怎么开，我能想象，我躺在那里，朋友们是怎么来向我鞠躬、哀乐，我都想得清清楚楚，我觉得这样的生活，我当然不甘心。这是我后来到深圳创业的初衷。"

1984 年，在中国科学院干了 13 年的柳传志"憋得不行"，决定下海，这一年他 40 岁。他后来说，"我为什么出来创业，当时在科学院研究所工作，研究出来的成果就放在那里。我无非想试试自己的人生价值，到底能干什么事，不愿意前 40 岁就这样过去了。后来逐渐发现自己有些特点，比如有大志、有追求。另外，确实有组织能力，我心胸比较宽，善于沟通，不断整理，这样慢慢提炼出来。""科学院有些公司的总经理回首过去，总喜欢讲他们从前在科研上多有成就，是领导硬让他们改行。我可不是，我是自己非改行不可。"

联想集团创办人柳传志有一个流传甚广的鸵鸟理论，原版的说法是："鸵鸟理论是为提醒自己应有自知之明，提醒我们从别人的角度考虑问题。当两只鸡一样大的时候，人家肯定觉得你比他小；当你是只火鸡，人家是只小鸡，你觉得自己大的不行了吧，小鸡会觉得咱俩一样大；只有当你是只鸵鸟的时候，小鸡才会承认你大。所以，千万不要把自己的力量估计得过高，你一定要站在人家的角度去想。你想取得优势，你就要比别人有非常明显的优势才行。所以，当我们还不是鸵鸟时候，说话口气不要太大。"

柳传志将一些企业家的失败归结为三点：一是没有把目标想清楚。有很多企业家做企业，做着做着就想向政治靠拢了，有心参与政治，结果却把企业做死了。二是一些企业家拿了不属于自己的东西，侵犯了股东甚至是国家的利益。三是把长跑当成了短跑。企业成长犹如跑步，倘若一万米有 25 圈，有的企业家前 5 圈拼命发力领跑，力气很快用完，5 圈之后便退下来了。

柳传志说：我认为我自己是典型的"种地派"的企业家，种好自己的一亩三分地是摆在第一位的。我关心世界大事吗？我当然关心。我关心国家大事吗？也关心。我关心身边发生的一切变化，但是核心的目的是为了种好我自己的地。我认为做好企业本身，这就是最实际的社会贡献。

2010 年 11 月，中国科学院院士何祚庥在接受杨伟东的采访时说，我做科学研究是好的，做某些其他事情也能做得很好，但是我并不是什么事情都能做。我举一个例子，科学院有一位柳传志先生，他本来也是科研人员，后来办了联想集团。如果不是柳传志，联想办不到现在的水准，他工资高一点，或分到一部分业绩股的话，我很赞成，也不眼红。开始办的时候他拿的钱很少，现在比我工资高多了，但是我可并不认为我个人的价值就比柳传志小。我做的事情在某些方面完全可能比他贡献大。我努力追求个人价值最大化，并不是追求个人收入最大化。

经济学者张曙光在 70 岁的时候，谈到了自己的学术生涯："如果说，在年轻的时候还有对名利的憧憬和追求，那么，到了后来，读书、思考、写作就成了生命活动的一部分。浸沉在这样的氛围中，整天忙忙碌碌，干自己所想和所好的事情，我的确感受到莫大的幸福和快乐。"

中央电视台主持人张越，这样评价电影《阿甘正传》的主人公："阿甘就是看到一个目标就走过去了，别的人是，看见一个目标，先订一个作战计划，然后匍匐前进，往左闪，往右躲，再弄个掩体……一辈子就看他闪转腾挪活得那叫一个花哨，最后哪儿也没到达。"

在中国，记者到了一定的年龄、写出一些比较优秀的报道之后，大都转向做领导、做编辑，不会一辈子在一线跑新闻。对此，《中国经济时报》记者王克勤并不认同。他说，中国总是学而优则仕、做而优则仕，这种传

这个时代的人

统的评价体系、理念意识，实际上不利于一个职业新闻记者的成长，"我就是要做一个非常职业的记者，会做到60岁、70岁，我的期望是活到80岁干到80岁"。

1998年马云在长城上发誓：要创建让中国感到骄傲、让全世界感到骄傲的公司。10年后，已经成功创建了阿里巴巴集团的他却说："我们还以为自己很牛，在自己的办公室、在自己的同事、员工和家人面前，哇塞，觉得自己很厉害。但是再走远一点看看呢，在世界上你微不足道。我是到了伦敦的格林尼治天文台才真正明白我是多么的渺小，那个宇宙是多么的浩瀚，地球像个灰尘的灰尘根本找不到，地球都找不到，人更别说啦。你要想到这些问题，你就有了远见。"

马云认为，创业者最重要的是，非常喜欢自己做的这件事情，因为太爱这件事情而去做，不是因为别人一句话，灵机一动就去做。创业者想的是怎样把它做好，喜欢它，做梦都想着这件事情。

张立宪做《读库》做出了名气，有人想往里投钱，被张立宪回绝了，因为他不需要外边的钱，也想不出拿这钱来做什么，"《读库》怎么起家的？就靠两三万块钱。你给我两个亿，我也是花两三万这么做。"还有人希望帮助《读库》上市，张立宪还是觉得没有必要，因为上市后反倒失去了"不发展的自由"。

萧功秦长期在上海师范大学历史系任教，他说自己从早年时期起，就能从书本中，从知识与学理的追求中，源源不断地获得到精神欢悦的源泉。他清楚地记得，当年在当工人的时候，即使只有十五分钟的停电空隙，他都会跑步到附近的宿舍，去读哪怕是几分钟时间的书。在许多人看来，也许这已经是一种近乎偏执的热情，然而，正是这种对知识的热情，使他最深切地体会到爱因斯坦所说过的那句至理名言："热爱是最好的老师"。他说自己所拥有的一切，大部分是这位老师的赐予。当一个人又把这种热爱与对民族的命运的关注与思考结合在一起的时候，他就有了双重的精神支撑点。

他在一篇文章中，曾经写过这样的话："也许，因为我太热爱自己选择的事业了，也许我从研究与探索过程本身获得了无穷的欢悦，有时，我会怀有几分天真在想，假如人是有灵魂的话，假如有思想的灵魂可以自由地选择自己出生的世界，我一定会再次选中这个世界，选中这个时代，选中这片美丽的国土。"

多年来，萧功秦几乎每次给大学生与研究生上第一堂课，都会把自己最喜欢的马克斯·韦伯的一句名言拿出来与他们分享："假如你们不能从学术中获得陶醉感，那就请你离学术远一点。"

他拿自己的经历和体验解释说："这是一种长期在知识陶冶过程中无形中获得的自得之乐。我现在已经进入这样的境界，那就是看世界上任何事情，无论是读报，听新闻，旅行中与陌生人谈话，都会充满乐趣。这是由于能运用自己的知识学理来对之进行解释、联想，从而产生一种自我实现的乐趣。我现在看电视中任何内容，都会获得一种乐趣。过去还不是这样。每看到电视中出现的任何镜头，我都会自看自问。头脑中的思维与知识资源始终处于活跃状态，一切都那么新鲜，那么有趣，这个世界真奇妙。这个不断积极思考，不断调动自己的知识资源来进行创造性思考，是一种价值的自我实现的欢乐。我甚至设想，如果有一天我不幸关到狱中，只要给我书本，我在失去自由的情况下也不失为一个幸福的人，因为在书本与知识中遨游，你会忘记一切。你会有一种自得之乐，这种自得之乐是任何外在的环境无法从你内心夺走的。所以可以这样说，思想者是幸福的。"

萧功秦是在南京大学历史系读的研究生，他从三年的学习生活中，获得的一个重要体会是，学者一定要认清自己的学术个性，不要邯郸学步，不要东施效颦。你是举重的料，就别学跳高，并不是所有名师的那一套东西你都能学会的。

在吴晓莲所著《我和爸爸吴敬琏》一书中，有一段父女问答：
我：心平气和地讲，您如何评价自己在中国经济改革、经济发展中的贡献？

爸：我会说，在各种人里面，我们比较正确。而要说我们真去做了什么事，恐怕难说，因为那完全是某种机遇。

我：您不认为今天中国在经济改革方面的成绩有您的贡献？

爸：当然有贡献。但我只能说，在经济学家里面我犯的错误最少。但是做决定的主要是政治家，不是经济学家。

我：您把您自己看成一个学者，但是因为一些契机，您的一些看法被政治家采纳了？

爸：对。但是也有一些没有被采纳。

我：说说您对自己的评价，您至少不觉得自己虚度了人生吧？

爸：那没有。我觉得像我这样的教育背景和在这样的环境下，我可能已经做到拔尖了。但是，要是说到经济学理论，我没有办法跟那些经过严格理论训练的人比。

我：您怎么就知道他们在理论上比您行呢？

爸：因为他们常常能用现代经济学的源流来把事情说得很清楚。

我：您对于生老病死怎么看？怕不怕？

爸：好像是的。好像还看得不是很开。

我：还是解不开对这个世界的留恋？其实我觉得，死了，就好像去一个陌生的地方，对那个地方的事一无所知，自己一个人就上路了。

爸：对于在这个世界上没有做到的事就觉得不甘心。

我：您还有什么没做到的呢？

爸：也不知道。

我：这么说吧，如果有这么一件事，您此生不能做就会不甘心，那是什么？

爸：就是眼前这点事。

我：您真觉得，中国现在还有完全回到过去计划经济的危险吗？

爸：现在中国有希望，但是也还没有完全走出有可能回去的危险。

我：您一生最大的成就是什么？

爸：说不上来。

我：“吴市场”算不算？

爸：那个对中国的经济改革大概是有帮助的。

我：您一生中最不成功的事是什么？

爸：那要分阶段。改革前做的事没有一件是成功的。

我：您一生里做过的最令你歉疚的事是什么？

爸：批孙冶方是我做的最错的一件事。还有，奶奶爷爷被错划"右派"时，我也写过揭发。当时在经济所的批判会上，动不动就挨一顿批，那自己就赶快洗刷，说我也参加批判。

我：您最大的优点是什么？

爸：认真。

我：您最大的缺点是什么？

爸：那就多了。比如，我不够用功。

我：什么，您认为自己还不够用功？！您被我妈妈给洗脑了吧？您现在除了工作，还干什么呢？

爸：我兴趣太广泛，比如有时候就爱看看闲书。还有我睡觉也睡得比较多。

我：没有张卓元张叔叔睡得多吧？

爸：张叔叔是晚上不工作。可他起得早，动作也快。我跟周叔莲比，就不算用功的。

我：假如现在咱们手里有一根魔棒，一挥之下您可以任意改变，难道您真的要改掉您兴趣广泛这一点？

爸：这我不能肯定，可是我每次看到乌家培，就觉得自己不如他搞经济学精力集中。

我：您对中国的改革前景怎么看？

爸：我一方面持谨慎的乐观态度；另一方面又常常有危机感。可能我们这一代知识分子都这样——危机感伴随着使命感。

社会学者于建嵘常年奔走于工地、矿井和乡间，从事社会底层问题的调研。他说：社会底层民众的很多权益我们没有办法直接帮他们争取，我们只能从制度方面帮他们寻找解决的途径。学者不是要关注哪个个案，否则就变味了。学者要通过一个现象去找问题产生的根源，要考虑建立一个什么样的机制，通过这个机制解决一个什么样的问题。这是我要做的事情。

中央电视台主持人白岩松曾经提到过这样一件事：有一次，在我内蒙古的老家，坐在最后一排的同学问我，白老师，你坐在主席台，我在最后一排，我什么时候才能像你一样？我说老弟，角度不同，在我的位置上，你有无数条路可以走到这儿来，但我再也找不到一条可以走到你那儿去的路了。是我该羡慕你，还是你该羡慕我呢？

2008 年底《东方时空》创建人之一陈虻英年早逝，白岩松在《幸福了吗？》一书中感慨：

陈虻，用《生活空间》讲述了老百姓自己的故事，成为我们骄傲的记忆。

后来，由于他的优秀，他被提拔了。一个中国惯有的逻辑。我们总能发现，谁优秀了，似乎只能用提拔他当官来奖励他，但我们也恰恰用这种方式毁了很多人。这可不是电视圈里的问题，是整个社会的。

有的人适合当官，有的人不适合。陈虻属于后者，于是，你发现，他时常处于矛盾之中。一方面是新的位置，一方面是过去的理想。按理说，应该不纠缠，可现实中，不纠缠不矛盾太难。于是，这个文人气十足的带兵打仗者，就不得不时常坐在办公室里让思想乱飞。估计像他这样的思想者，总会在脑海中，拥有很多美妙的栏目构想和节目设计，以及让人叫绝的细节。

然而，这一切都可能像一个又一个有创意的礼花，发射了，灿烂了，又慢慢地熄灭。

从头到尾，他是这礼花唯一的观众。

1994 年，从事哲学研究的方克立教授做了中国社会科学院研究生院的院长。但是，他并不认为这一职务适合他："我现在觉得学校的教授也好，研究人员也好，做出了一些成就就非要把他放在一个领导岗位上，使有些学者没有了充分发挥专业能力的机会和时间，这可能是我们现在出不了大家的一个很重要的原因。"而他之所以还是选择担任这一职务，是因为"我们这些人都比较听话，感到是一种责任，是党组织的安排"。

刘吉既做官——1988年后出任上海市委宣传部副部长、上海市体改委主任，也做学问——1993年后还出任过中国社会科学院副院长。游走于官学两界，他为自己编过这样的顺口溜："学有学道，官有官道；此道非那道，彼此两条道；不是不知道，就是做不到。"并说"这也许是我的人生悲剧"。

在接受中央电视台《东方之子》栏目采访的时候，经济学者林毅夫谈到了自己40岁前后所发生的思想变化：40岁以前常会有当今天下舍我其谁的感觉，40岁之后，就不会再想那些不现实的东西啦，因为一个人能扮演的角色和所面临的时间、经历、机遇都不一样，只能是在可能的范围里做最好的工作。

胡舒立高考时的首选志愿是北京大学中文系，却糊里糊涂地被中国人民大学新闻系录取了。后来，她认可了命运的这一安排："既然做新闻这一行，只好把它做好。反正我一生只能做一件事。"

1995年大学毕业时，柴静不顾妈妈的劝阻，没有去从事自己所学的会计工作，而是选择去湖南文艺广播电台做节目。"我必须要去选择我的乐趣，现在我知道了，世界上还有这么奇妙的一件事情，从吾所好，别人还给我钱。"在职业选择上，柴静认为"关键不是别人给我做什么，而是我要做什么，然后就是寻找一个空间去做"。就像费曼所说：如果你喜欢你选择的职业，你就该像一把刀直刺其中，深深地直到没入刀鞘的位置。这个刀刺入的过程是不假思索的。

后来，柴静来到了中央电视台《新闻调查》栏目组，做出镜记者，"让我能够踏实地站在中国大地上，看到正在发生的真实的事情。能让那些最打动我的，让我难以忘怀的东西表达出来，这就是我想要的。"她说，每天上办公楼，路过别的栏目组时，她都要庆幸一遍："哦，我在《新闻调查》。"

在柴静的眼里，最好的工作就是玩，当你玩得越来越好时，就会有人付钱让你继续玩下去，那就叫工资。

钱钟书说自己"没有大的志气，只想贡献一生，做做学问"。他生平最大的乐趣是读书，可谓"嗜书如命"。不论处何等境遇，无时无刻不抓紧时间读书，乐在其中。无书可读时，字典也啃，他家一部硕大的韦伯斯特氏（Webster's）大辞典，被他逐字精读细啃不止一遍，空白处都填满他密密麻麻写下的字：版本对照考证，批评比较等。他读书多，记性又好，他的旁征博引、中西贯通、文白圆融，大多源由于此。新中国成立前曾任故宫博物院领导的徐森玉老人评价说，如钱钟书者"二百年三百年一见"。

2009 年 5 月 26 日，享年 93 岁的丁聪于北京病逝，他说自己"来世上走了一趟，很高兴做了一件事，这就是画了一辈子漫画"。

台湾漫画家朱德庸坦承，他愿意去画画的最简单的一个原因，就是因为画画让他快乐，而不是为了名，为了利，为了所有附加的价值。2011 年，他在接受中央电视台记者古兵采访时说："我觉得人生本身就是一件很奇妙的事情，我常常会回到我二十六岁那一年，在我自己一个小书房里面，在那儿画画的时候，惟一的目的就是让我自己快乐，那个时候你要是想到一丝一毫的未来的发展，其实我觉得我可能画不下去，因为那个压力会太大，我从来都不去想它，因为那样才能让我一直保持一个最原始的状态，就是一个很纯粹很单纯的一个创作。"

画家张仃说，艺术之于他，就像一个吸毒犯之于毒品，上瘾，戒不掉。在一篇写张仃的文章中，妻子灰娃记述过这样两件事：一件是，1949 年张仃进入北京，看见故宫的太和殿，被宏伟完美的古代艺术创造惊艳，身不由己地跪了下去。另一件是，1948 年张仃离休报告终于获得批准，身心轻松，从此可以画画了，兴奋难耐，回到家一进门，就倒向地上打了个滚儿。

灰娃在"文革"期间开始写诗，她说：我写诗就是由于心里有很多东西要说，并不是事先想着要做一个诗人，是诗自身从我心里显现。写诗给人很好的感觉，让人的精神升华，处在创作的时刻就是人最幸福、最愉快的时候。

我但凡要写一首诗，心里就像是有音乐有韵律，无论做什么，它都在我心里奏响，甚至用节奏引领我的动作。所以，我的诗读起来能形成一种旋律、一种节奏，可能我生来对音乐比较敏感。

我写诗非得心里很想写，有感触才行；要是没有感触，想坐在那里写上一首诗，做不到。

社会学者费孝通在一篇日记里写道，一个人活着一天总得工作一天，我除了能写文章以外一无所长，看来也将以此终生。"我认为学问是一生的事情，学问是立身之本。没有学问不行，我是把学术视作我的生命。"费孝通说。

万通董事长冯仑认为，一个人引导你的绝对不是关系，理想才是王牌。我们出发前首先要确定方向是正确的，至于走到哪儿是偶然的，跟体力有关，跟路况有关，跟遇到的人有关，但至少方向正确能让我们更接近目标。

余世存写了本《老子传》，他认为读老子可以培养一种独立、自铸人生的个体主义精神。老子思想中强调抱元守一，天得一以清，地得一以宁，人得一以灵。人要想好自己一生做什么，持之以恒，专心致志地守住它、实践它；而不要做社会游戏的工具、羊群，随风倒。

1977 年恢复高考后，樊纲考上了河北大学经济系。他解释当时选择学习经济学的原因：一个是兴趣，看到经济学有意思；一个是能力，适合学习经济学。在河北围场农村插队的时候，其实后来有一段时间我在搞文学创作，我就觉得自己的形象思维能力不如其他那些同事，但是我的逻辑思维能力比他们强，我概括的能力比他们强；而且让我写小说我不激动，但是让我去争论一件事情，让我去分析一个理论我很激动。这时候，我就觉得自己大概不适应搞文学创作，更适应做理论分析。所以，考大学的时候，我三个志愿报的都是经济系，当时就很明确，我就学经济。

樊纲说，科学研究与搞政治、经商等一样，是一个特殊的但同样平等的职业，当一个好的教授、研究员，与当一个好的政治家、好的企业家，是"等价"的。不懂学问的人，不会懂得学问的价值，也不会懂得研究学问的乐趣，就像我们自己实在体会不出许多戏迷、"发烧友"们的乐趣，但他们仍在那里迷得不行、乐得不行的道理一样。

四十出头时的樊纲曾经感叹：一个人的精力有限、时间有限。每个人都会出于好心和关心，根据他本人的"偏好"，来为自己设计一个"最佳的时间配置方案"甚至"最佳人生事业道路"。我也有我个人的偏好，人又不是生活在真空中，而总是处在各种各样的关系当中，资源（时间、精力）总是有限，于是个中的苦处只有自己知道。只好在这多头的冲突当中走自己的路了。无论如何有一点心里清楚：经济学研究是我一辈子的专业和职业，我庆幸如此，不会改变了。

1997年，刚好40岁的张文木从山东大学毕业，获法学博士学位，"博士研究生毕业时，我的确有入仕的勃勃雄心。现在看来，自己当时读懂了几本历史书，却没有完全读懂自己。刚到中国现代国际关系研究所的时候，我曾踌躇满志，后来慢慢地才找到了自己的位置，知道了自己的能力是有限的。现在看来，学者不一定都要'学而优则仕'，除非老天爷逼着没办法，做好自己能做的事就行。"

作家王小波说，人在年轻时，最头疼的一件事就是决定自己这一生要做什么。在这方面，干什么都是好的，但要干出个样子来，这才是人的价值和尊严所在。我对权力没有兴趣，对钱有一些兴趣，但也不愿为它去受罪——做我想做的事（这件事对我来说，就是写小说），并且把它做好，这就是我的目标。

整日忙于写作的军旅作家张正隆感叹："累啊。一个身后总跟着只狼的人，是不能不累的。'你这还叫人过的日子吗？'这话其实是不用别人说的，而我感觉更多的还是痛快、幸福。来到这个大千世界，从事了自己倾心热爱着的事业，是不能不感到幸福、幸运的。况且，作家这个职业是终身的，别说 60 岁，七老八十，脑子好用，还能写作，即无'退休'一说。身后总能有只狼跟着，也是一种难得偏得的幸福，或者说就是被幸福追撵着。幸福就是一种感觉，一种不同的个体的不同的感觉。"

他说，自己除了"爬格子"多少能爬出点名堂外，干别的就算累趴下了，也可能一事无成。

2011 年 9 月《步步惊心》再版，这部小说的作者桐华写了篇自序：2005 年 8 月，我签署了《步步惊心》的出版合同，合同上很多名词我都没看懂，我也不关心，我的心态是完全不在乎钱，觉得写故事很快乐，快乐完了，故事还能变成一本书，已经是我最大的收获，甚至大半年后，我才弄明白什么叫版税。这种心态让我无所畏惧，永远以故事为第一，再弱势时都很强势，可以对出版商说不，但同时也让我吃了很多苦。

2011 年 10 月 22 日，台湾诚品股份有限公司董事长吴清友在澳门演讲时，谈到自己创办诚品书店的初衷："创办诚品是生命里的一个偶然。我是台湾南部西南沿海渔村的小孩，在台湾受很好的教育，不过乡下是个贫穷的地方。我三十九岁时遇到所谓'中年危机'，生存没问题，生活也还可以，我才开始后知后觉地检讨生命该往哪里走。在学校学机械工程，为什么会选择开书店，自己也不清楚。只是偶尔读到一位德国文学家说，'人类最伟大的结晶都在书本里'，当时自己花了十六年时间从事商业活动，在遭遇中年危机时开始对自己的生命作检讨，可否做一些自己真正喜欢的事。诚品的成立不是从商业目的出发，只因为我是台湾人，台湾不是最好，但台湾永远是我的最爱。诚品成立后，经历很多努力和挑战，经营一个品牌，诚品尚未有傲人的成绩，但从对自己生命的负责，对自己土地的热爱，却得到了一些小满足。"

杂文作家何满子拿文人与政治人物作比较："谁记得神圣罗马皇帝？但人们永远讴歌但丁的《神曲》；谁记得詹姆斯一世或伊利莎白女王？但莎士比亚却永远是英国人的骄傲；谁记得魏玛大公和维也纳神圣同盟的各国帝王们？但歌德却光辉奕世。"

作家贾平凹在接受《南方周末》记者张英采访时说："人一生，我觉得最幸运的东西，一个是很自由，再一个就是你的爱好和你从事的职业是一致的，这是最好的，这两件我都能达到。"

电影导演贾樟柯在谈到理想跟物质的关系时说：我一直告诉自己，应该随着我热爱的工作和事业，来改善财富的状态。你一定要想办法让想做的事情为你带来财富，而不是迷失在（追逐）财富的过程里。

我拍《小武》时没有任何工资，但我特别感恩，因为终于可以拍一个长片了。我拍了一个我爱的电影，如果多配合做一点努力，票房好一点，地区版权卖得多一点，慢慢就有财富了。

贾樟柯中学毕业后，没有考上大学，过着百无聊赖的日子。他对父亲说："我想找个工作干，不想上学了。"当时，正好山西汾阳建行有个扩招的机会，他母亲所在的糖酒公司也有一个名额，但是他的父亲都拒绝了，并坚持让他读书。

"他改变了我，让我干了一件我特别不愿意干的事情，就是读书。我得感谢他，当时太危险了，如果当时我没有读书，生活就完全改变了，也没有后来的这么多事情。"贾樟柯回忆说。

在中国社会科学院哲学研究所研究员周国平看来，所谓成功是指把自己真正喜欢的事情做好。他说："一个人活在世上，必须有自己真正爱好的事情，才会活得有意思。这爱好完全是出于他的真性情，而不是为了某种外在的利益，例如金钱、名声之类。他喜欢做这件事情，只是因为他觉得事情本身非常美好，他被事情的美好吸引。这就好像一个园丁，他仅仅因为喜欢而开辟了一块自己的园地，他在其中培育了许多美丽的花木，为它们倾注了自己的心血。当他在自己的园地上耕作时，他心里非常踏实。无论他走到哪里，他也都会牵挂着那些花木，如同母亲牵挂着自己的孩子。这样一个人，他一定会活得很充实。相反，一个人如果没有自己的园地，不管他当多大的官，做多大的买卖，他本质上始终是空虚的。这样的人一旦丢了官，破了产，他的空虚就暴露无遗了，他会惶惶然不可终日，发现自己在世界上无事可做，也没有人需要他，他成了一个多余的人。"

清华大学教授秦晖说，求知欲本身是没什么目的的。说好听叫忧国忧民，其实就是纳闷。我并没想当什么家，只是拿到一本书，就很高兴，就很喜欢看。

主持"夏商周断代工程"研究的历史学者李学勤，早在清华大学哲学系学习的时候，就开始研究甲骨文，他说这"完全是个人兴趣所致"，"因为我这个人特别感兴趣的东西、我最喜欢的一个东西就是看不懂的东西。甲骨文跟我原来想学的那个数据逻辑一样，都是拿来就看不懂的东西，没有经过特别的训练保证看不懂，就是这么回事"。

中国工程院院士戚发轫是我国最早的航天人之一，担任过"神舟"系列飞船总设计师。他 1952 年报考大学的时候，第一志愿是学航空，第二志愿是学航空，第三志愿还是学航空。他说："当时，我确实是想学造飞机，保家卫国。"

孔雀舞者杨丽萍说："我父母都是农民。有个妹妹画画，有个妹妹做生意，还有个弟弟。我跳舞就是来自自己的灵感、观察，最主要的是天赋，不管干什么都有天赋的。做生意的人也是，有的人开餐馆怎么开怎么火，有的人则不是，像张艺谋一样，天生就是做导演的。"

1997 年，许嘉璐当选为民进中央主席后，依然不忘搞他的训诂学研究。他说："我觉得世界上有这么一个规律：当你不熟悉这个事物的时候，你觉得它很枯燥，很坚硬；当你真正钻进去的时候，你会发现一个新的天地，你就会梦魂缭绕，永远舍弃不了。"

常常有人对作家毕淑敏说，你可以写一个这样的东西，写一个那样的东西，比如更空灵一点，虚无缥缈一点。毕淑敏回应："抱歉，我做不到，也不想做。我相信，一个人能做好的事情本来就很少，没必要一定把短板接长，好盛放更多的水。我不盛水，我只是随心所欲地写作，想把我擅长的东西尽可能完美地表达出来。"

有人问毕淑敏，在今天这个信仰比较缺失的时代，信仰意味着什么呢？毕淑敏答："我认为就是解决以下问题：你为什么活着？你准备让自己的一生怎样度过？现在大家特别实际，想着怎么买车，买房，怎么给孩子弄个幼儿园上……无穷无尽啊。真正的目标反倒很少人想过。"

毕淑敏说："我想我是理想主义者，我信仰，所有人的生命都很宝贵，我们应该让自己的一生变得快乐幸福。"

步入"知天命"之年的中央电视台主持人崔永元，向人谈起自己的人生感悟："20岁的时候，我的体力和精力允许我对任何事都感兴趣，都能抢几棒子，却没有方向感。到了30岁，已经入职很长时间，接触到社会的方方面面，开始希望自己能运用舆论的手段改变社会上的一些不公平。40不惑，真的不惑，我不知道是我正好赶上了这个时代，还是所有人到这个年龄才发现原来是这么回事。我忽然发现，自己什么都改变不了，能不被别人改变，就已经够牛的了。我开始考虑是不是还能坚持自己，是不是还能干点儿正事，还能做到不伤害别人。40岁以后是过得最难的时候。我早早就知道，人生最大的幸福，不是吃了什么、喝了什么，而是精神上的追求，所以我早早就进入了追求思想幸福的过程。这可能是最幸福的，虽然我到现在还没找到。"

崔永元立志做一个口述历史的收集和整理者，"这个事情可能你不投身的时候，你体会不到它的乐趣。就像我最烦电视人和电影人说自己多艰苦，我们熬夜，我们经常吃盒饭。我觉得很无聊。那你干吗不挖煤去呢，没有人拦着你。所以说你从事一个事业的时候，你要想它的乐趣在哪里，比如说我觉得我做一个电视节目主持人的乐趣就是我差不多都访了10000个人了，你跟10000个人过不一样的人生，就是别人活一辈子，你活10000辈子，你说你占了多大的便宜。这就是你这个职业给你带来的乐趣。现在走到这一步真挺幸运，我觉得我做起口述历史来就没什么烦恼了。"崔永元说，口述历史他会一直做下去，赶也不走，做到死，做到老年痴呆。

中国社会科学院研究员庞朴专攻中国古代思想史和文化史，他这样看待自己的研究工作：我不是一个很聪明的人，可以说是一个勤奋的人。学术研究的最大乐趣就是发现。对我而言，能够发现一个别人不知道的事情，甚至一个古汉字都是很快乐的。有一次，我读《左传》，有一篇说一个大臣跟皇上说，今年的四月初一就是正月初一会有日食。我一看就疑惑了，为什么四月初一是正月初一呢？我就去考证它。经过好多年的考证，我终于发现这是远古时代的中国人用的一种历法：火历。因为我们是农耕民族，但是太阳和月亮都不能告诉农民何时播种，何时收获。他们后来发现，有颗叫"大火"的星，春天的时候它就在正东方，秋天的时候它就在正西方。所以《诗经》里说"七月流火"，说的就是这颗"大火"。用现代天文学的观点，这颗星星是天蝎座的一颗星。

有人请舒乙以他的父亲老舍先生为例，谈谈一个文学大师是如何造就的？舒乙答：首先是天赋。过去我们总强调勤奋占99%，其实根本不对，一个笨蛋再勤奋也当不了作家。老舍先生祖祖辈辈就他一人识字，16岁时作文便达到当时国学大师的水平，这只能用天赋来解释。

其次是经历。一个人，如果小学、中学按部就班地走来，考入大学学中文，绝对当不了作家。一个大作家一定要广泛接触社会人生。老舍先生是穷人出身，尝试过很多行业，游历感悟非常多，这是他创作的资本。

再次是文学功底。老舍先生赶上了私塾末班车，通晓四书五经等古典文化。其实"五四"那批人都有古典文学底子。即便是鲁迅先生，虽然他反对"孔家店"，甚至说"我不向年轻人推荐任何一本古书"，但自己却能倒背如流。另外，当时那批年轻人多数都去西洋留过学，西洋文学的底子很好。还有，在民间文艺方面，老舍先生也非常渊博，精通大鼓、单弦、相声、京剧、地方戏等民间艺术。

最后是勤奋。老舍先生没有节假日，年轻时每天必写3000字，年老时每天写1500字，一天不落。

1985年，茅于轼的经济学著作《择优分配原理》问世时，他刚刚调离工作多年的铁道部科学研究院不久，年已56岁。"我开始考虑转向经济，

这个时代的人

因为国家富强必须通过经济建设。至于年龄、能力、结果，我不作考虑。"
茅于轼在解释自己半路出家的原因时说。

作家莫言讲："我记得1980年的时候，我在保定军校教书，当时《中国青年报》发表了王蒙的一篇文章，大意是劝文学青年不要在文学的狭窄的小路上挤来挤去，尽早判断自己不是这块料子，你去当工人也好、当工程师也好，可以在别的领域发挥自己的特长。

我当时看了以后，很受刺激，一个人的文学才能是自己无法判定的，你为什么知道我不行呢？你们都成名了，都成作家了，为什么打击我们呢？一个人怎么样辨别是不是明智的选择，只能通过实验、通过试探，我写上几年，不行了，我自动会转向，我再不转向，就会饿死，只好干别的。这个劝是没有意义的，只能自己试一下，行当然更好。"

在经济学者张维迎看来，学者和政府官员、企业家的角色定位是不一样的。作为一个学者，他的主要任务是要认识世界，不仅仅要认识限于表面的东西，而且要认识更深层次的东西，找出现象背后的联系来。

改造世界要靠政府官员、企业家，他们的责任就是这样。经济学家本身不能因为政府一时没有采纳你的建议，你就说政府不重视科学，这是两码事。因为任何一个人只是从他的角度来提出问题，而相对于这个问题的政策的制订过程是多种因素的综合，它包括考虑经济问题、社会问题、政治问题，而经济问题里面又有各种经济问题。任何人提出问题只是从某一个角度，研究和政策设计还是有很大差距的。

"我搞了经济学以后从中感受到了很多乐趣。"张维迎说，"我自己感觉到，你有了一种新的发展，新的理论，这种理论能被别人理解的话，你确实会产生一种自得其乐的感觉。这时候，你就可能把另外的东西忘记了。好比我不回家的话，时间长了以后，对家乡的怀念就变得比较遥远了，但并不是说消失了，我就是能在比较安心的状态下研究学问了。"

考古学者贾兰坡引述曾当过中国科学院领导的张劲夫的话说，搞事业要

"安、钻、迷"，就会干好。所谓安、钻、迷，就是要安下心来，能够钻进去，达到迷恋的程度。贾兰坡说，"我就是做到了安、钻、迷"。

2011年12月6日，中国科学院研究员黄且圆在接受丁东、邢小群夫妇采访时，谈到她的祖父黄炎培先生讲过的一件事："祖父讲，他作为《申报》的特派记者到美国访问时，见到爱迪生。爱迪生问他从中国什么地方来？他说从中国上海来。爱迪生那时候刚发明了留声机，就说：太好了，你能不能说几句上海话，我用留声机录下来。我祖父讲了一番话，说搞科学要为世界和平，不要把科学拿去发动战争，用上海话录在留声机里了。他给我们讲这件事，是教育我们，不要单纯搞技术，搞科学，要有一个正确目的。他还问爱迪生：你今后最大的希望是什么？爱迪生说：我希望死后，我的实验室还能搬到地下继续工作。这话给我印象比较深，特别感动。为了和平，这是大家经常听到的。但爱迪生真正热爱科学发明，痴迷到这种程度。现在有些人做科学研究，有的为了饭碗，有的为了提级，有的为了名利，我觉得都没什么意思。当然，也能谅解这些人，因为确实有生活问题，提不了级有好些具体问题不能解决。但一个真正的科学家是什么样子，祖父讲的这个故事给了我启发。"

在1990年出版的《居里和居里夫人》一书中，物理学者严济慈写道："怎么会有人觉得科学枯燥无味呢？还有什么东西能比支配宇宙的自然规律更引人入胜呢？自然规律的和谐与真实，使小说显得多么空虚，神话显得多么缺乏想象力啊！"

学者梁漱溟之子梁培宽谈父亲的爱好："每个人大概都有所爱好，父亲自不例外。来访的美国学者艾恺曾经问父亲有什么爱好，他就讲了自己的一件往事。他说，30年代，有一位留美研究社会教育的俞庆棠女士，和我父亲很熟悉。有一次大家在无锡开会又碰上了，大家闲谈时说起各人有什么爱好，俞就问我父亲，你有什么爱好？父亲回答说我的爱好是思考问题，俞就说，这太可怕了！思考问题本是一种工作，怎么能够当作一种爱好呢？上世纪90年代我去日本，在一次座谈会上，一位日本友人问，你父亲有什么爱好？是琴棋书画？是养花种草？对炒菜烹调有兴趣吗？我就将父亲与俞女士的上述对话讲给他听，他似乎有些疑惑不解。大概他原来心目中的梁先生应该是个有充分闲暇的文人墨客，他哪里知道父亲似从未有什么闲暇的时候。还可以讲一个他学生的回忆。有一次，这位学生和我父母同坐火车，看见我父母之间没有话说，他就跟我父亲讲，旅途中应该聊聊天，怎么你坐在那里一言不发。父亲说你不要以为我在闲着，我在想问题，你看着我闲的时候可能正是我最忙的时候。"

周汝昌研究《红楼梦》逾60年，是继胡适之后历史考据派的主力与集大成者。在《天·地·人·我》一书中，他写道："我极爱重的是不受其他因素干扰的、不被人为利用的真正学术研究。我喜欢'国货'，喜欢民族节序风俗。我喜欢民族建筑、民族音乐……对这些方面，也许有些人看我很保守、落后，甚至冥顽不化。不了解这一切，很难理解我为何后来走上了红学道路，为何持有如此这般的学术观点，为何又如此地执著痴迷，甘受百般挫辱、诬陷、排挤、攻击，而无悔意，也不怨尤。"

他的女儿周伦玲回忆说，周汝昌视红楼如生命，平时与人交谈，吟出红楼诗句，虽稔熟于心久矣，却仍会如孩子般，情不自禁地鼓掌赞好，情真意切，令人动容。在生命最后的日子里，他卧病在床，只要为他读些与《红楼梦》相关的东西，就会看到他褪去倦容，兴意盎然。

作家叶永烈说："我视创作为生命，把作品看做是'凝固的时间'。笔写来的，斧头也砍不掉。自从11岁发表第一篇作品以来，我一辈子可以说是'从一而终'，只从事一项事业，即文学创作。"

1945年，孙犁在延安的窑洞里，一盏油灯下，用自制的墨水和草纸，写成小说《荷花淀》，从此步入文坛。随同解放军进城以后，他在《天津日报》做文艺部的编辑，当过的最大的官是副刊科的副科长。"有人说我一生不爱当官，其实也不是，开始试巴了试巴，一看不行，赶紧退出来了。我是真干不了那个。"孙犁说。

作家陈忠实说："到了我现在的年纪，往往容易产生一种感慨，对生命本身的感慨。人一生，从故乡出去，走出这块土地，当你在外面转了半生，再回到这里的时候已经完全成了一个老人，自己感觉自己的变化十分可怕，但是故乡还是老样子。山川还是那样安静，水还是那样流，小时候我看见的麦子还在山坡上那样长。所以你就能感觉到人生已逝，山河依旧。永恒的是田野河流。人生是匆匆过客，每个人都是匆匆过客，再伟大的人，再普通的平民都是过客，我们匆匆走过，但就在这匆匆的一生中，有多少人能做自己喜欢做的事？而且这些事能给社会和人民包括后来的子孙留下一点什么。如果有，那么就是对自己这一生最大的告慰。"

罗哲文曾师从梁思成、林徽因学习研究古建筑，多年来一直致力于包括长城在内的古建筑的保护、维修和研究。他说："古建筑这个东西，只要钻进去就出不来了。比如中国民居，一个小小的村庄，无论是整体布局、单体建筑，还是一个并不显眼的细部，这里面都有很多东西值得去细细品味。"

作家李国文说，他这辈子所占的最大便宜，他所拥有的唯一财富，就是学到肚子里的知识："文化是谁也剥夺不走的。你有财富，可以一夜之间就变成穷光蛋；你有官位和权力，人家可以一下子把你撸到底；只有你肚子里的学问，就是把你剥夺到零的程度，嘿嘿，他也甭想拿走！"

汤一介原来对西方文学很感兴趣，但是报考北京大学时，他还是选了哲学系，"我下定决心，我要做个哲学家，通过自己的独立思考，来探讨一些宇宙人生的根本问题。"

父亲汤用彤告诉过他两句话，"事不避难，义不逃责"。汤一介说他一直努力在做，"做了自己很高兴、很喜欢的事情，那就很好。而且，我相信它会有一定的意义。"

经济学者张五常主张，读书要为兴趣，不要为任何其他人而读。他坦承，自己在1957年离香港赴北美读书时，也是有光宗耀祖，读不好还有什么面目去见江东父老的意识的。但是，"到了一九六二年，好些教授的学问使我着迷，心焉向往，我就再懒得管什么光宗耀祖，什么江东父老，一下子就走进学问的天地去了。"

"假如你要有学问，你大约要有三年时间听不知音，食不知味，其它什么事情也顾不了。"张五常说。

学者陈乐民 1930 年出生于民国旧式家庭，他在《在中西之间》的后记中写道："从本质和气质上说，我属于比我早一代的那一代人；进入暮年，我有了更豁然的自知之明：我喜欢做什么（兴趣），我能做什么（能力），我应该做什么（责任），我心里特别清楚。"

方正集团出版过一本《王选老师谈做人》的小册子，当中选取了这位方正灵魂人物，于 2001 年 11 月 22 日说过的一段话："我只是一个科学家，即使年轻 20 岁，也不可能成为企业家和 CEO，所以当不了企业领导人，更不可能成为企业领袖，因为我不懂经营，对财务一窍不通，也不擅长管理，我的基本素质与企业家差距甚远。中国的高新技术企业现在最需要的是优秀的 CEO、企业家和企业领袖，其次才是技术专家。"

20 世纪 80 年代后期，龚育之从中央文献研究室调到中宣部，去做副部长。他事后谈起这次调动时说：我不愿意，因为这与我的性格不合。我在中央文献研究室，是一个单位的头头，但管的是编书，档案材料怎么选择、怎样考证、怎样编得更好、怎样把编好的成果更好地传播，这都是案头工作。到中宣部去，工作性质和内容就大不一样了，要处理各方面的关系，要去指挥、联络、处理矛盾，协调各方，这不是我的长处。所以我是很勉强去的。去了之后，的确如我所说，我不适应那里工作的情况，工作得很不协调，也不愉快，也无成就。

袁隆平搞了一辈子的杂交水稻研究，"我不愿当官，不是做生意的人，又不懂经济。"

但是，他还是被任命为湖南省政协副主席。许多大会小会，他情愿躲

定位第二

049

过去，以致后来每次通知他开会的政协工作人员主动发问：袁老师，这回请假吗？

他还曾在上市公司"隆平高科"任职。"'隆平高科'让我当董事长，我嫌麻烦。我不是做生意的人，又不懂经济，对股票不感兴趣。发行股票是他们借我的名义，我根本就没有干这个事情，那个时候大家讲要发行股票，他们说用一下我的名字。我又不懂股票不股票的，说好，当时稀里糊涂的。"

2012 年 6 月，北京大学教授谢冕的《谢冕编年文集》十二卷出版。他说：我用文字记载了我的一生，我的人生的一切都袒露在这里了。伟大的人可以塑造一个时代，一般的人只能被时代所塑造。我就是这样一个被不完美的时代所塑造的不完美的人。

我知道自己有限的长处，也知道自己无限的短处。人都有年轻气盛的时候，青年时代我没有目空一切，却少不了少年轻狂。那时有很多幻想，开始想做诗人，后来发现这时代与诗歌的自由精神不适应，诗人的梦很早就破灭了。后来做了一名热血青年，义无反顾地投身于激情燃烧的岁月。刻板的生活，严格的纪律，我都坚持过来了。但是我的热血青年梦也终于破灭。

过了中年以后，我的人生是成熟了。做学问家的梦从那时就开始了。学问是做不完的，除了特别有才情的人，一个人穷其一生做不了太多的学问。我的坚持很有限，只是浩瀚无际的星空中的那么一点点微弱的星，我在那上面进行那么一点点微弱的耕耘。

　　清华大学教授秦晖认为，有了真问题，才有真学问。要在实证基础上形成思想，逻辑上是严谨的，带来知识增量，扩充人们的认知领域。现在学界的一个问题是，大量存在的学术泡沫，本来3000字能说清的，100万字说得你糊里糊涂。

　　他说："我自觉是个价值取向强烈的人，价值'偏见'是否会影响客观观察呢？不敢说绝不会，但起码应做到不去故意歪曲事实。"

　　他还说："我往往在追索中从一个问题进入另一个问题，这就难免逾专业之界。我当然不可能对许多专业都有发言资格，但我希望在我关心的具体'问题'上不讲外行话。"

　　2011年的暑期，在清华大学任教的刘瑜，向立人大学的同学们讲述自己的学思历程：我先是中国人民大学毕业，在清华大学工作1年，然后去哥伦比亚大学读了一个博士，在哈佛大学读了一个博士后，在剑桥大学工作3年，最近又回到清华大学工作。虽然我的履历，用我一个朋友的话说，还是比较豪华的，但是我总结自己过云的成长经历，觉得我学习上的教训远远多于经验，就像在一个伸手不见五指的黑漆漆的空间里爬楼梯，经常摔倒，或者进两步退一步、进一步退两步，直到 30 岁左右，才形成了一个适合自己的读书思考的方法。这与我成长过程中，没有一个特别好的引导有关系。

我总结了一下，我的学思历程可以分为四个阶段：第一个阶段叫一片空白期。上大学以前没有受到真正的启蒙式教育，读的书无非就是高考数学习题集一类，不但没有读过中国的四大名著、西方的经典名著，就连当时比较流行的金庸啊，琼瑶啊，也都没怎么读过。说空白，某种意义上还是一种美化，实际上是中了很多"毒"，接受了很多成见，甚至还可以说是谎言，直到现在也不能说是完全摆脱了。比如，一听到农民起义四个字，就想起可歌可泣；一听到北洋军阀四个字，就想起民不聊生；一听到封建社会四个字，就想起三座大山，等等。

第二个阶段叫随波逐流期。我在中国人民大学学习了 7 年，先是本科 4 年，然后是研究生 3 年，这是一个随波逐流阶段，怎么讲呢？我 90 年代初上大学的时候，赶上了 80 年代人文主义复兴的尾巴，比较流行读萨特，读尼采，我也跟着去读。这就像一个人，明明有着一个 36 码的脚，非要去穿 42 码的鞋子，其实你也不知道大家为什么要去读，与你的问题意识根本不接轨。比如，尼采的问题意识，很大程度上来自对基督教文明的批判和反思，说上帝死了什么的，我是一个从江西小县城跑到北京读书的小姑娘，每天在那里哀叹上帝死了，好像上帝在我这里活过一样，这是非常荒诞的。读研究生以后，这种倾向是有过之而无不及，当时是 90 年代末期了，比较流行读后现代的一些作者，比如布迪厄啊，福柯啊，德里达啊，我也跟着读，觉得读这些东西比较酷，比较前卫。这种赶时髦的心态，其实是非常错误的。

第三个阶段叫头重脚轻期。我进入哥伦比亚大学读博士的阶段，学到很多理论。美国博士阶段的教育，是配合本科阶段的教育来开展的，如果你没有接受它本科阶段的教育，直接接受它博士阶段的教育，就会出现头重脚轻的效果。比如，拉美政治这门课，它给你讲很多拉美政治的理论，它是假设你对拉美政治很了解的情况下，教你这些理论的。像解释 1973 年智利阿连德政府被推翻这件事情，我当时就洋洋洒洒写了篇论文，讲可以从结构主义的角度去分析，也可以从精英决定论的角度去分析，等等，但

这个时代的人

对当时智利发生了一些什么，我根本就不太清楚。还有，怎么理解中国改革相对的成功，可以从发展型国家的角度去分析，也可以从新自由主义的角度去分析，这样分析来分析去，但对中国发生了什么，你几乎可以不了解。美国的博士教育，它就是培养这样一种学生，他嘴里有很多概念，有很多理论，但对经验事实他几乎可以不了解，这是一件非常悲哀的事情。

第四个阶段叫从头再来期。我到30岁左右的"高龄"，开始从真问题出发，仔细的、老老实实的、脚踏实地地把在发生什么搞清楚，无论是中国现在在发生什么，还是历史上发生了什么，这是非常重要的。我觉得很多东西，你真正了解发生了"什么"，很多"为什么"的问题就迎刃而解了。相反，如果你头重脚轻，不去仔细了解"什么"的问题，冲上去就用那些宏大的概念、理论去分析"为什么"的问题，就会出现很多错位。毕竟，理论应该是从经验中提炼出来的，而不是相反。现在，我关心什么问题，就从这个问题出发去思考、去读书。这样会很有收获，也很有乐趣，就像小孩子在大自然里发现一种草叫什么、一颗星星叫什么的那种喜悦。

在《从经典到经验》一文中，刘瑜叙说自己对经典的感受和认识：

我至今仍然记得1998年左右的一次阅读噩梦。当时我在读希腊学者波朗查斯的《政治权力与社会阶级》中译本。我至今也不知道是因为翻译得不好还是作者本人文笔极晦涩，总之，阅读的感觉就是四个字：寸步难行。大多时候完全不知道作者在说什么，偶尔似懂非懂又觉得作者基本上是在胡说八道。有时候枯坐两小时只能翻四页，速度相当于从沼泽里往外拽一辆马车。等读到第三个小时的时候，就杀人的心都有了。

类似的读书经历，我有过很多，从福柯到哈贝马斯，从亨利·詹姆斯到奥克塔维奥·帕斯，读着读着就有把作者从坟墓里拖出来揪住其衣领大喊"Why? Why? Why?!"的冲动。

后来我想，与其问别人，不如问自己：既然读得这么痛苦，为什么要读呢？

在年少缺乏自信的时候，一旦不能读懂一本书或者读懂了但完全不知道它好在哪里，多半会很心虚，觉得责任肯定都在自己身上：这么经典的书，我都不知道它好在哪，肯定是我笨极了。既然如此，不但要接着读，还要在餐桌上不经意地讲道："其实福柯对知识的理解，与柏拉图的洞穴比喻，具有一种意指共生的关系，而罗兰·巴特晚年对欲爱的诠释，构成了对这一关系最好的回应……"

世上本没有经典，装得人多了，也就有了经典。

上面这句话过于傲慢，我的意思是：经典之所以是经典，不应该是有多少人赞美过它，而是它真的能帮助你认识当下的世界与自己。如果它不能做到这一点，要么是你的功力真的还不够，要么是它真的其实也没什么。用我一个朋友的话来说，其实肖邦也没有什么，就是他那个时代的周杰伦嘛。

刘瑜说："不同的文字形式可以表达人不同的侧面，一个丰富的人不愿意放弃自己的某些侧面。我没有文体歧视，有些人觉得论文比随笔高级，小说比专栏高级，我不觉得。我愿意从各个角度挑战自己。"

不知从什么时候开始，许多中国城市都热衷于邀请国外的设计师，去做一些地标性的建筑。对此，中国美术学院教授王澍不以为然："我觉得这件事情发生的前提，是因为我们的传统文化，基本上被彻底地摧毁了。比如说对自己文化的自信，实际上是丢失掉的，对自己的那种文化的那种回忆，包括生活的真实是丢失掉的。等丢失掉这些东西之后，我很忧虑，再过十年，中国的城市里头，大家还能说我是中国人吗？这个城市所有的和中国传统的一切都被彻底地铲平，剩下了几个像文物一样的保护点，剩下的东西放在博物馆里。"

2012年2月27日，一直执著践行中国本土建筑学理念的王澍获得了普利兹克建筑奖。他自己解释："这样的一个不走常规路线的人，走在边缘，或者走在多样性的缝中的人，他居然可以获奖！哪怕是一万个人走一条道路，一个人走另外一条道路，至少证明了另外一条道路，也是一个方向。这个时代不只是一个方向的，还有另外一条。"

谈到30多年的新闻生涯，新华社记者杨继绳以10年为期分为3个阶段："第一个阶段是1968年到1977年，我在新华社天津分社工作。那时候比较年轻，以见报率为荣，发了稿子就很受鼓舞，曾经有一年上过《人民日报》

的 12 个头条。姚文元讲话，我们就跑到工厂里，找几个工人谈学习讲话精神深受鼓舞的体会，回来就整一篇稿子，毛主席讲话就更不要说了。"

"现在想想，这叫什么新闻记者呀？"70 岁再反思这段历史，杨继绳脸上写满了嘲笑，"这段历史我感觉特别惭愧。当时记者不强调客观，强调党性，而党性就是阶级性，就是你的立场，如果你追求客观就会被批评是站错了立场。那 10 年就是紧跟形势跑，拼命写，发表了许多跟潮流的稿子，粉碎'四人帮'后，我把这个时期的稿子盘点了一下，发现 90% 的都应该付之一炬。10 年的教训使我学会四个字：实事求是。这四个字我虽然早就认识，但真正理解它还是花了 10 年青春的代价。"

谈到第二个 10 年，杨继绳说："这 10 年是改革开放后的 10 年。改革带来了中国新闻界的黄金时代，新闻事业出现了生动活泼的局面。这个时期我写的稿子虽然有一些仍算是应景之作，但有一大半确实是自己独立思考的结果。虽然不能完全讲真话，但可以不讲假话。"

其实，在这个 10 年中，杨继绳就开始向"学者型记者"转变。他的报道，不再限于那种即时消息，而是转向社会未来走向的大问题。

第三个阶段也就是整个 90 年代的 10 年。杨继绳说："1988 年我调回总社。职称评完了，到顶了，没什么后顾之忧，连那些不真不假的应景之作也很少写了。这 10 年我尽可能讲真话，力争让自己的文字对得起历史。真正实现了一个记者的最大的追求：说真话，求真理，做真人。"

中央美术学院教授钱绍武认为，真正的艺术家要像鲁迅先生说的那样咀嚼自己的灵魂，也就是用真感情感动别人。在他的眼里，艺术表现力不是技巧，"有很多人认为技巧高了就能感动人，那是误会，那是笑话，你自己真激动了以后，别人就会感觉激动，你的技巧，真正第一的技巧，是你能把真的激动表现出来，而不可能把没有激动的表现得真激动，世界上没有这种技巧。"

画家吴冠中认为，艺术到高峰时是相通的，不分东方与西方，好比爬山，东面和西面风光不同，在山顶相遇了。

吴冠中画画有一个原则："我不重复老路，不抄袭自己，必须有了新想法才动手，不然就不画。"

"我不能闲着，闲了不会活。现在我谢绝一切采访、会议，不再出头露面，只是思考、画画。探索其乐无穷。我绝不能辱没过去的作品，一定要超过过去，给后人新的启发。我只能往前走，停下来不好活，后退更没有余地。"87岁的吴冠中说。

2012年4月，周汝昌与网友在线交流《红楼梦》研究心得，有网友请他评价自己对《红楼梦》研究的贡献，周汝昌说："我既不能王婆卖瓜，又不能假谦虚，所以几句实话直说吧，我最重要的一点贡献就在于我研究《红楼梦》是用'大视野'的眼光和心态对待进行的。大视野相对于小盆景而言，《红楼梦》不是一个好玩的小玩意儿，它是我们民族文化精华，因为它包含总结了我们民族的文史哲和真善美，是一个前无二例的最美的大整体。我还是没有高的水平和能力把这个问题讲得更好，但我的努力方向却是如此。"

社会学者费孝通给人讲，社会学要"讲故事"，要研究活的人，会讲话的人，会哭会笑有感情的人。他还讲，人生社会就是一台戏，要去看这台戏是怎样上演的。

学者任继愈说，学术不是书斋里的文字游戏。世间没有纯学术的社会科学，不关注人、不关注社会的学问是假学问。

在《对历史学的若干反思》一文中，清华大学教授何兆武写道："对人生有多少理解，就有可能对历史有多少理解。对于人生一无所知的人，对于历史也会一无所知；虽说他可以复述许多辞句，但是历史学乃是一种理解，而决不是以寻章摘句为尽其能事的。"

何兆武抱怨："我在（中国社会科学院）历史研究所的时候，评职称，有个同事叫嚷：'我有一百万字。'我当时就很不以为然，你怎么论字数啊？牛顿的万有引力定律才几个字？照这么说牛顿根本不用评了。而且万有引力定律搞了十七年，按照我们的规定他十七年都评不上。爱因斯坦晚年要搞统一场论，结果没有成功，但他仍是第一流的学者。放在我们现在的体制里就行不通。"

北京大学法学院教授朱苏力提出了一个问题："我们要扪心自问：什么是你的贡献？"因为就过去的一百多年来说，中国的自然科学、社会科学和人文学科（特别是前两个学科）都从外国、特别主要是从西方发达国家借用了大量的知识，甚至就连这些学科划分本身也是进口的——尽管它现已成为我们无法摆脱、也不想摆脱的生活世界的一部分。然而，在借鉴了这一切外来的知识之后，在经济发展的同时或之后，世界也许会发问，以理论、思想和学术表现出来的对于世界的解说，什么是你——中国——的贡献？

北京大学教授季羡林讲，没有创见，就不要写文章，否则就是浪费纸张。

在经济学者石小敏看来，脱开了其他的学问，仅仅是从经济学的角度解说中国改革，哪怕解说得再精彩，也只是一个片断。在 2008 年召开的一场研讨会上，石小敏发言说："我一直问自己，如果中国改革真的这么棒的话，为什么没有改革学呢？如果有改革学，它是经济学为主的改革学吗？因为 30 年前我们起步的时候，就是从经济开始改革开放的，所以现在经济学的方法和术语是最丰富的，解说起来也最便利。我想什么叫改革学？这么多年来我一直在想，如果一定给改革学定一个学科上的定义的话，我觉得它应该叫'正在进行的历史学'，或者叫'历史动力学'。它一定是经济、社会、政治等方方面面的综合的东西。"

1995 年 10 月，经济学者林毅夫应《经济研究》编辑部之约，发表了一篇题为《本土化、规范化、国际化》的短文，倡导以规范化的方法来研究中国本土的经济问题，以期对经济学的发展作出国际性的贡献。他认为，当中国成为世界上最大、最强的经济体时，中华文明就创下了人类文明史上第一个由盛而衰、再由衰而盛的奇迹。因此，不仅中国的经济学家和社会科学家会对此感兴趣，世界上其他国家的经济学家和社会科学家也会对此感兴趣。然而，这个现象发生在中国，在理论创新上，不会是"外来的和尚会念经"，而会是"近水楼台先得月"，中国的学者在理解这个现象的本质和产生这个现象的历史、文化、社会背景方面，具有先天的比较优势，最有可能取得突破性的成果。因此，21世纪是中国经济学家的世纪，也是中国社会科学家的世纪，将不会是一个不可能实现的空想。

有世界银行的同事评价林毅夫："他参加任何研讨会都带着随和的魅力，在会议上有时很难看出他是世界银行的首席经济学家，他鼓励大家说出想法，并以表达自己的观点作为结束。而当他表达的时候，他似乎能够总结所有会议上的内容。这是一种非常美好的品格，这种品格让林毅夫极具影响力。"

对于这种领导的策略，林毅夫自己的说法很简单："我有权威，但是我不用。"

经济学者张维迎非常看重学者的独立性，非常看重理论的逻辑性和彻底性，为此经常触犯众怒，多位熟悉他的人，都说他有点"一根筋"。2006年的时候，一位记者曾经问过他：为什么不讲点策略，把话说得漂亮些，让大众更容易接受呢？张维迎回答："讲策略是政治家的事，不是学者的事。学者怎么认为就应该怎么说。如果给学者施加过多的负担，学者都像政治家那样，学术就没有了。"

有人问张维迎："你的世界是一个逻辑世界吗？"张维迎回答："理论的世界一定是逻辑世界。生活的世界要复杂得多，有时候逻辑打架太厉害，你会有人格分裂。但是如果有一个逻辑主导的话，那就是兵来将挡，水来土掩，你还是保持一个健康的状态。"

在张维迎看来，哪怕再深的学问，也是可以做到深入浅出的。所以，无论是写文章还是讲课，他都特别爱用比喻，把一个复杂的概念和思想形容得十分生动易懂。"最复杂的问题，需要用最简单的办法来解决。"他说，"如果你不能做到这一点，就说明你没有把这个东西完全搞通。"

经济学者张五常认为，真正的理解，要由浅入深、由深转复杂，再由复杂转深、再转浅，来来回回好几次。有人可能认为高深的学问才是真学问，却忽略了懂深不懂浅不算是真的懂的哲理。

他说，你要我把经济学说得你完全不懂，易如反掌也。你没有读过经济，我要向你说得清楚明白，倒要用上三几个层次之上的功夫。纯真的学问很迷人。有时我们要搞得很深入，但迷人之处永远都是从浅中现出来。顶级的学术，是可以做到这样的。

张五常质问：如果一门学问怎样说外人也不明白，又算是什么学问呢？他说："我讨厌那些老气横秋，或道貌岸然，或沽名钓誉，或故扮高深的所谓学者。学术是那样有趣的事，可以那样迷人，怎可以搞得不明不白的？懂说懂，不懂说不懂，有谁会因为我说不懂而小看了我？要是我说来说去你也不懂，你会不会拍案叫绝，回家对老婆说：'张教授高深莫测，果然了得！'以我之见，高深莫测易过借火，也难怪在学术界中这种人多的是。"

张五常说："搞学问要讲吸引力，要搞得过瘾精彩、紧张刺激。经济学最苦闷的地方，是先要打通基础概念与理论的经脉。之后一动拳脚，潇洒利落，千变万化，得心应手，苦闷尽去。"

张五常提醒，刻意去创新是犯了学术上的大忌。找到一个自己认为需要解释的现象或问题，翻阅一些有关的论著，就放胆地自己去想，想时要完全不顾及有没有新意——到最后，有就有，没有就没有。

张五常一直致力于经济解释，也就是以经济学的角度，用上科学的方法，来解释现象或人的行为。他说，任何学问都有很多不同的路可以走，经济解释也如是。有行家认为我的解释不是解释，倒过来，我也认为一些行家的解释不是解释。我喜欢用简单的理论来解释世事。我绝对不会刻意地与众不同。我是因为要集中在解释世事上下笔，而逼着与众不同的。

张五常说："我认为数学用于经济解释不重要，虽然今天的经济专业文章，用上的数学比物理还要多。除了物理，其他自然科学少用数。我不是说数学于经济没有用处，但数学可不是经济学。数学是一种神奇的语言：凡是方程式拆得通的，逻辑一定对。然而，对的逻辑不一定有对的内容。有些人善于用方程式去想，我则认为是多了一个框框，左右着我善用的天马行空的思考方法。"

他又说：数学是技术上的事情，为什么我放弃技术上的这些东西？在经济学上，有的人喜欢搞技术，有的人喜欢搞概念，有的人喜欢搞思想，我是喜欢研究思想的。假如我说了一句话，一句有意思的话，许多人把我所讲的话数学化。一百年后，人们记住的是我的思想而不是那些公式。

张五常认为，西方的经济学发展入了歧途，经济学应该回复到斯密的传统去。他在写《经济解释》的时候，决定一幅图表、一条方程式也不用，理由是"经济学鼻祖斯密在一七七六年所发表的《国富论》完全不用图表，我为什么要用？他的书是古往今来最伟大的经济学巨著，仿效他是刻意高攀了"。

回复到斯密的传统，也就是搞真实世界的经济学。张五常说，我感到遗憾的，是今天经济学的发展，大都与真实世界脱了节。好些自以为与真实世界有关的，其实是一些数字游戏。自己走经济研究的路，发觉很多行家才智过人，但对世事知得少，生活经历过的变化不多，喜欢假设局限，然后把理论推上去。这种局限简单而理论复杂的经济学，与我选走的路是两回事。他们以猜测局限起笔，理论可以搞得精彩绝伦，但对解释现象的命中率不高。

张五常说，科学不是求对，也不是求错；科学所求的是"可能被事实推翻"。可能被事实推翻而没有被推翻，就算是被证实了。

不可能被事实推翻的理论是没有解释能力的，张五常举例："假若我说：'四足动物有四只脚。'这怎可能错呢？句子内的后半部重述了前半部的意思，即使我们花很大工夫也不可能想象到在怎样的情况下会是错的。在地球上、火星上它不会错，在宇宙任何地方它也不会错。这句话的一般性厉害，但内容究竟说了些什么？其实什么也没有说！我们想破脑袋也知道是对的，但不知其内容。"

张五常说，任何科学理论，即使被事实推翻，我们总可多加条件来挽救的。但挽救理论是须付代价的，过大的代价不应该付。一个特殊的只能解释一个现象而完全不能伸展到其他现象去的理论，毫无一般性的功能，解释力小之又小，其代价是太大了。代价是否过大的衡量准则，是要基于一般解释力的大小。大小有程度之分。我们不应该见一个理论的解释力不够广泛就放弃它——今天不够广泛的理论，明天可能有较广泛解释力的取而代之，但在此之前，不够广泛的理论可能是最有用途的了。

他认为，世界上有真理，但没有不可以被更佳理论替代的理论。科学的进步，不是因为对的理论替代了错的，而是有较广泛解释力的，替代了较狭窄的。

经济学者吴敬琏一直记得他的老师朋友顾准说的一句话："要像一个冷冰冰的解剖刀那样去解剖这个社会经济关系。"他指出，经济学家在工作的时候不要有太多的激情，要冷静。不管你有多大的义愤，不管你对什么基金黑幕，什么操纵市场有多大的义愤，你首先要弄清楚它是怎么回事，太多的激情，就容易不冷静。

经济学者樊纲非常强调基础理论的重要性，他认为，发展到今天的经济学，已经是一整套相当复杂、相当深入、涵盖面相当广泛的知识体系了。而一门知识越是发展、越是繁杂，在学习它的过程中，掌握基础知识、打好基础知识"功底"就显得越是重要，就像盖房子，地基不深，楼层也高不上去。所有的高楼大厦，都要用砖、用瓦或是用钢筋水泥，即使材料略有些差异，也都有一个"承重"的问题，都需要把基础打牢。有的人总不相信基础知识的重要性，总以为没有基本功的严格训练就可以到"前沿问题"、"尖端问题"上去比试，在"草屋时代"可以、"平房时代"可能也行，到了现代高层建筑林立的时代，就很难办得到了。即使对于少数天才来说，可以在很短的时间内自己走到"前沿"，"重新创造"出许多前人的研究成果，但如果先用更短的时间把前人的成果学到手，然后用更多的时间赶到前沿去施展才华，不是更符合经济的原则么？

樊纲指出，就个人来说，在年轻的时候、学生时代少上课、少读书、

方法第三

061

少做作业，用更多的时间去搞实践、搞调查、写文章、读"在职学位"，当时可能会显得颇有成果，但耽误的可能是一辈子更大的成就。就整个民族来说，如果用一种忽视基础果的思路来指导大学生、研究生的教学，其结果可能是耽误一两代人。

从 1982 年到 1988 年，樊纲在中国社会科学院研究生院，师从朱绍文学习经济思想史，他后来回忆："朱先生对我们，在一定意义上不太管。什么意义上呢，那就是让我们自由思考，他不给我们规定什么事情，他只管一点，就是让我们读书，而且要读原著，英文的原著。我跟朱先生学了六年，硕士三年，博士三年。有一次 当时社会上很热闹，改革开放嘛，我们几个同学参加了一些研讨会，回来告诉朱先生，以为朱先生会表扬我们。但他把我们臭批一通，说你们现在好不容易有这么宝贵的时间，现在读原著，是在和伟人，是在和思想家对话。你们要抓住这些宝贵的时间去和伟人对话，你们为什么到外面去和俗人对话？他还说，你们将来到外面做事情的时间还有的是，而你们再系统地读原著的时间就这么几年啦，所以一定要打好这个基础，将来你们才能走得更远。"

社会学者丁元竹按照搞研究的目的，将学者分成三类：一类是为生计，职业就是研究本身；二类是"为研究而研究"，学术研究仅仅限于符合逻辑和方法论；三类是为了造福人类而进行的研究。他引用韦伯的话说，对于学术的态度是一个有关学者的人格的问题，"在学术研究中，只有纯粹献身于事业的人，才有'人格'可言"。所以，人生观是比学术研究更深层次的东西，只有能为人类造福的研究才是科学的研究。

在厦门大学教授易中天看来，搞自然科学需不需要阅历不清楚，但搞人文学科必须有阅历，更准确地说是一种体验能力。体验能力特别强的人，他哪怕很年轻，阅历不多，但是他随时都在观察，随时都有感觉，他哪怕读一些小说都能获得体验，他能够和古人对话。如果只讲阅历，那是越老就越能讲清楚了，但是也有人活一辈子恐怕也没活明白，他白过了，一路上的好风景他没仔细琢磨，回到家里照样推碾子拉磨，推了拉了一辈子，他的体验就是推碾子拉磨。但是有些人他哪怕就是这么一瞥，他就有一个感觉，一个体验，这都是他的人生的财富。关键在这儿。

易中天认为，真理从来就不是什么天花乱坠或者高深莫测的东西。它应该是人人都能明白、人人都能掌握的。他举例说："最难懂的那个相对论，难不难、高不高、深不深、尖不尖？我就听一位物理系的教授给我讲，讲得明明白白。当时我问了他一个问题，说宇宙到底是有限的还是无限的。他是教天体物理的，我向他请教，他就说爱因斯坦说宇宙有限而无边，然后把这个有限无边讲得清清楚楚，马上我就明白了。我就想，爱因斯坦相对论那么专业的问题，都能够讲得让普通人听得懂，那我们的文、史、哲还有什么讲不清楚的？我才不相信。"

由此，易中天对于那些故意把问题说得别人不懂的所谓学者，有一些"小人之心"的猜测：一种可能是自己就不明白，那当然也就说不明白；另一种可能是故意让你不明白，你们都明白了那我卖什么去啊？

"我说清楚这个是'小人之心'，因为我不相信世界上有说不明白的东西，我不相信。"易中天强调。

易中天与人聊天时，提到过一副对联，叫做"与有肝胆人共事，于无字句处读书"。

2011年5月22日，《易中天文集》在北京举行首发式，武汉大学老校长刘道玉上台致辞时，引用了台湾学者钱穆说过的一句话："大师者乃是通惠自学，超然于各部专业之上而汇同及各科知识也。"

刘道玉在接受《新京报》记者朱桂英采访时，给今日的大学生们提了三条建议：首先是摆脱对大学的依赖思想，你虽然不能改变僵化的教育体制，但可以掌握自己的命运，每个人都是自己命运的设计者和实践者。这正如蒋方舟所说，学习是自己的事，她对学校的教学不抱任何希望。

其次，一定要掌握科学的学习方法，特别是学会自学，古今中外一切成功的大科学家、大发明家，许多都是靠自学成功的，如莎士比亚、达·芬奇、爱迪生、高尔基、齐白石,等等。他们的经验表明,掌握学习方法比知识重要,没有任何东西能够比良好的方法使你走得更远。为什么在同样僵化的体制下,也有的学生获得了成功呢?我想也许他们在这些方面比其他的学生做得更好。

再次,一定要从狭窄的专业知识学习中解放出来,转而从知识的整体上进行学习,学科的交叉与综合是最富有创造性的领域。

香港学者饶宗颐说:"我做学问都是向难的方面去走,不走容易的路。因为容易的路每个人都会走,何必我去走呢?所以我向难的方面去走。去追求难的东西可能是很蠢的,但是后来得到一个效果,这可能便是我追求到的东西。"

饶宗颐涉猎范围广泛,对史学、敦煌学、音乐、文学、书法、绘画等都感兴趣,自称"无家可归"。在他看来,文科不同于理科,研究人文的就要通古今、通中外、通文化中的多个领域,过分强调专家、专门,可能就是不通的意思。做学问是一种化学作用,"很多学问都是在你感到融会贯通了的时候就可以有创新了,可以得到、开辟一个新的境界"。

2010 年 5 月,北京大学教授汤一介就"反对称自己为大师"一题,回答提问时说:"我说现在没有大师,是因为还没有一个思想的理论体系被大家普遍接受,还没有出过一本影响世界的划时代著作,比如,还没有出过像《新教伦理和资本主义精神》这样的著作,它已影响了西方世界上百年。20 世纪后半叶,我们为什么没有出现大师,为什么没有出现 20 世纪三四十年代那样的一批有创建的'哲学家'。对我来说,我想除了自己的天分不够,社会环境也没有创造产生'哲学家'的条件。没有'思想自由',把思想禁锢在一个框框里边,怎么能产生大师,怎么能产生划时代的著作。哲学思想的发展往往是由'异端'突破,而开创新的局面。必须允许对主流思想的质疑,甚至颠覆性的质疑,才可以打破束缚人们思想的条条框框,从而推动哲学的发展。"

学者李泽厚主张,要博览群书,知识面越宽广越好,不要过早地去钻某一点。"术业有专攻",在什么基础上去攻呢?最好能在雄厚的基础上去攻。只有这样,才能较快地攻出成果。过早地去攻,恐怕难以出成果,欲速则不达。现在的大学分科分得太细,各科之间"鸡犬之声相闻,老死不相往来",这不利于广泛地吸取知识营养。鲁迅早就提倡搞自然科学的读一点文史书籍,搞文学的学一点自然科学知识,"触类"可"旁通"。

上海师范大学教授萧功秦批评那些有意识形态思考问题倾向的人:这些人的头脑似乎"很不混乱",这是因为他们头脑中只有"一根筋",因此看问题很简单,很清楚。他们的思维简单也很好解释,因为他们总是从心中固有的某一个先验原则出发,从一种宗教教义出发,他们认为只要根据这个原则去行动,一切就迎刃而解了。他们觉得自己很清楚,但忽视了历史的复杂性、社会的复杂性。

萧功秦说,中国自由派需要创新自己的话语,多年来他们思想上进步不大,始终停留在启蒙话语的阶段,始终停留在一种抽象的议论上面,总是用学院里的那套理论来推衍出现实生活应该怎么样。他们认为他们所珍视的原则是普遍性的,忽视了不同民族的经验对制度的制约作用,它的解释力、吸引力自然会下降。如果你成天在学院派里面,碰到现实问题需要解释的时候,却又缺乏那种能力,就会陷入一种失语与无力状态。当然,自由主义是对中国未来发展具有积极推动作用的力量,从追求更美好的理想过程中,他们表现的人格力量,我也是很敬重的。

北京大学教授王缉思觉得,同一个学者在研究不同的问题的时候,自己应该有一种角色的转换。当你完全是一个学者时,这些问题是从学者的眼光看;当你提出政策建议的时候,提出大的政策的思路的时候,你就必须要想这不完全是一个学者的眼光,这是一个政治家的眼光,或者是一个参谋的眼光。

在接受《南方人物周刊》记者余楠采访时,贾樟柯谈到了中国电影如何与美国好莱坞竞争的话题:

振兴民族电影工业,最好的方法就是拿出有质量的电影啊……一些导演在谈到这点时，最常为自己找的合法性就是抵抗好莱坞，说如果不拍这样的电影，好莱坞就会长驱直入，会占据我们的银幕，中国电影就完蛋了。这有一定道理，但其实也说不通。你用和好莱坞同样的类型来翻拍好莱坞，这是经济层面而不是文化层面的抵抗，因为你变成它了。你用好莱坞的类型电影来抵抗好莱坞，那等于好莱坞开了个分店。好莱坞从中国每年赚走100个亿，因为你的出现它们变成50个亿，那是经济层面的抵抗，但是，反好莱坞，不是文化层面的命题吗？

好莱坞自身非常优秀，反好莱坞不是把丫灭了，而是说它不能成为唯一。我们是希望不要那么一元，希望中国电影里还能够产生跟我们的本土经历、跟我们的生存困境、生存实质有关联的作品。

中国科学院院士谷超豪在治学中有一种"多变"的精神，总是能高瞻远瞩地看到数学未来的发展，他自己解释，"做学问就像下棋，要有大眼界，只经营一小块地盘，容易失去大局"。

杂交水稻专家袁隆平指出，搞科学研究，第一不能怕失败；第二不要怕辛苦，书本上种不出小麦、水稻；第三点最重要——你要弄明白自己的研究有没有前途。做科学研究，发生了方向性的错误，就会一事无成。现在还有人在研究永动机，违背了能量守恒定律，自然是不可能的事情。

1997年的时候，清华大学建筑学院教授吴良镛与研究生谈治学：

谈到为学的道路和方法，各人可以有不同的习惯，各门学科也未必一致，但有些事情能够比较早地意识到还是好的。

第一，就是要高标准地要求，"取法乎上，仅得乎中"。我在中学时曾读到胡适一句话，印象很深，他说"为学好比金字塔，要能宽广才能高"（大意），这也就是中国常说的"博大精深"。为学基础要宽广，这样塔尖才可能很高。古今学者不少是多方面的学问家，可以说取得了多方面的建树。我觉得对建筑来讲也应当努力并可以做到这样。一般地说，建筑涉及的领域是非常广的，对建筑的方方面面都要观察和留心，并有意识地进行思考，这样，建筑的学习领域会更宽广，成就也会更大。特殊地说，在全球化的大潮下，经济、社会、技术的变革，会不断对建筑提出新问题与新的可能性，不断有新的增长点，不断在边缘和交叉上推进，若没有更高的标准，就不会有从一个领域扩展到相邻领域的勇气。

第二，要系统地吸取知识。知识不在于量的堆集，重要的是要把分散的、纷繁的知识系统起来。我认为做学问要及时地、不断地把自己的思想形成体系，并随时打破、修正并充实自己的体系。中国有句话叫"开卷有益"。当你大体有了一定的体系之后，你看到任何一本相关的书，都会把你新吸取的知识放到新的体系应有的位置中去。这样你的认识会逐步充实，并且你也会不断发现自己知识框架中的缺陷与不足，追求新的发展。

孔雀舞者杨丽萍对舞蹈有自己的理解，反对在舞蹈中过分强调技巧："他们所谓的技巧就是你要翻几个跟头，要跳得很高很高，基本上舞蹈都是这样，我认为那种是技艺的展示，会削弱舞蹈本身那种情感抒发。我觉得表现的孔雀应该是一气呵成的，它有像流水一样的韵味，而不像一个纯粹的技艺的展示，我想表达那样的情绪，跟生命有关系的。"

1983年到《中国青年报》当摄影记者以后，贺延光的最大体会是，摄影记者不是摄影匠，你的功夫不是在照相机上，而是在照相机之外。摄影记者是通过照相机传递信息，记录事实，表达意愿。作为一个摄影记者，自己没有思想，就很难去理解、捕捉、传递事情的真相。你对生活认识到什么程度，你的照片就能拍到什么程度。

贺延光举例说：我拍的照片中，当年影响比较大的有1984年的《小平您好》。当时，新华社有30多个记者在现场，但没有一个人拍到，后来挨了批评。中央新闻纪录片厂也没拍到，后来补拍，弄了百十多个学生，找了一个地方，拍了一些特写，加在里面。这是前些年记者节的时候，北大的一个老师讲出来的。我当时只知道好多记者没拍上，不知道还有弄假的。《人民日报》有一个老记者拍到了，但位置和我拍的不一样。后来《邓小平画册》用的是我拍的那张。

前些时候的"胡连会"，胡锦涛和连战迈着大步，相互伸出了手。我拍的那张是手还没握上，还差那么一点，也是这次新闻照片中最好的。将近

200 位记者绝大多数拍的都是握在一起的。迈步相靠，伸手相握，表达的是一种意愿，但是你也不能说他们一见面所有的问题都一了百了，必须要给读者一种想象的空间。

1995 年，李学勤受命担任"夏商周断代工程"的首席科学家。他认为，科学家的态度主要有两个方面：一方面是应该有一种无尽无休的好奇心，这样对他的学科有深厚的兴趣。这个兴趣的特点是好奇，就是要不断地揭示新的东西，也就是说有一种追求创新的精神。另一方面，就是实事求是，是怎么样就是怎么样。

兰州大学教授赵俪生回顾自己的学术生涯："自度生平，涉及的方面太泛、太杂，因而专精较少。在史学方面，未治断代史是一大缺陷，而治专史又感任务重而功力不足。但平生不喜饾饤之学，总认为不搞史学便罢，要搞就非从感性材料向理性认识上升不可。自然，急剧的上升会招致谬误，这个我懂得，而且有经验教训。佴始终不放弃的一点，是用一定的哲学去带动史料。光搞史料，'竭泽而渔'，我是不干的。再者，平生仅有两大嗜好，一是教书，二是写文，再无其他。并且感到二者是互济的。嘴巴讲清楚的，笔才能写好。写过几道的，讲出来才能保持某种水平。艰苦忧戚，玉汝未成，仅得此二义，以贡献给后来之人。"

北京大学教授袁行霈认为，做学问不但有境界也有气象，气象有大有小，要引导学生建立大家气象。"学问的气象，如释迦之说法，霁月之在天，庄严恢弘，清远雅正。不强服人而人自服，毋庸标榜而下自成蹊。"他还引用南宋词人张孝祥《念奴娇·过洞庭》中的三句话——"尽揖西江，细斟北斗，万象为宾客"，来说明学问的气象："尽揖西江"是说要将有关的资料全部搜集来，竭泽而渔。"细斟北斗"是说对资料要细细地分析研究。"万象为宾客"是说要把相关学科都利用来为自己研究的课题服务。要想成就大学问，就要有这种气象。

作家张炜指出，当代文学的趋向是越来越娱乐化、欲望化、物质化，但仍然有一部分作家的创作呈现出不同的风貌。极左时期的作家一窝蜂去写阶级斗争，现在则是另一窝蜂，追逐物欲和感官刺激。这是中国文化和文学的悲剧。清醒的作家不必去充当这个悲剧中的角色，而要写出心中的真实。任何作家都会遭遇潮流，问题是怎样判断和应对这个潮流。

社会的浮躁对于写作或许是好的，这种浮躁、剧烈的竞争状态下，人性的表达会更充分，社会万象会以很激烈的方式表现出来。对于写作者的观察和体验来说，就可以获得一个难得的机会。这好比一场风暴，风暴眼里是平静的。作者在风暴眼里会获得艺术和思想。如果跟上风暴气流旋转，连生存都成问题，哪里还能有艺术。所以一个艺术家、思想者，风暴眼里可能是他的居所、是他的思想和创造的空间。

作家刘震云认为，时尚有两种：一种是外在的时尚，时尚的衣服、时尚的发型、时尚的打扮，包括时髦的语言，拥有这些的人看起来特别时尚，是新人类。另外一种就是"心"，"心"领导时尚。一个作家外在可以不时尚，但他的心必须时尚。他必须憨厚和敏感地知道窗外的生活在变，而且速度特别快。

作家梁晓声到北京语言大学任教后，给学生们讲写作：搞写作，第一位是一个情怀的问题，方法论一定是第二位的。"我告诉我的学生：作家和作家比，比到底，最终还是比情怀。它是从方法入手，入手之后，第一个面临的就是情怀问题，在这个写作状态中，你的情怀也不断发生变化。技术问题好解决，最后比谁的情怀大，情怀很大的时候影响他的思维方式，这就是我们说的杜甫的'安得广厦千万间'，也是李白的'黄河之水天上来'，也是顾炎武的'天下兴亡，匹夫有责'，也是范仲淹的'先天下之忧而忧'……情怀和思想是完全水乳交融在一起的。"梁晓声说。

在梁晓声的眼里，作家是时代的书记员，小说是时代的备忘录。他希望，我们做学问的搞文学的知识分子们，多一些立足于现实的深刻思考和通俗表达，因为现在我们许多人不再立足于今天来思考问题了，也不再向未来思考问题，他说自己"喜欢思想，而且特别强调一个作家对于现时代，应该是思想敏感的，就像那含羞草、像那海蜇一样，你稍一触动，它就会作出明快的反应"。

王跃文说，作为一个作家，除了看文学书籍以外，很多很多的杂书都要看，包括算命看相的，包括医学建筑的各方面都要看，你感兴趣的看一看，写东西的时候会用得到，要不然有些东西你根本不知道。比方说，过去我们学历史的时候就知道沈括的《梦溪笔谈》，我们都知道《梦溪笔谈》是一个百科全书，当时怎么怎么的，但是谁也没有去看，我就买来看，看了以后我就觉得很有意思，为什么呢？这个书过去讲是科学书籍，现在再把它当做科学书籍看的话，有些地方你就会觉得非常可笑，比方说他写了济南的阿胶为什么好？原因是什么呢？我们知道济南的地下水比较多，很多喷泉，趵突泉之类，他说，那个地方的水水性是往下流，有下的特性，用这个地方的水熬的阿胶，把人身上一些不好的东西弄下去的时候非常有作用，这个解释就非常荒谬。其实《梦溪笔谈》对古代怎么穿衣服，当时的建筑怎么样式、怎么称呼，当时的度量衡，等等，很多的东西我们现在是不知道的，像很多细节性的、生活常识的东西，我们读《二十四史》读不到的，里面没有的。所以如果说读书的话，我现在就是读杂书更多一点。

在 2012 年 4 月召开的一个研讨会上，南方科技大学创校校长朱清时提到，数学大师陈省身生前为中国科技大学少年班题词：不要考 100 分。朱清时解释，原生态的学生一般考试能得七八十分，要想得 100 分要下好几倍的努力，训练得非常熟练才能不出小错。要争这 100 分，就需要浪费很多时间和资源，相当于土地要施 10 遍化肥，最后学生的创造力都被磨灭了。

北京天则经济研究所是由三驾马车领导的，有张曙光、盛洪和茅于轼。茅于轼说："我们三个人也经常有矛盾。幸亏大家都是君子，没有拉一帮打一帮，建立自己的势力范围，或造谣中伤别人。矛盾放在桌面上，争吵一番，事后就过去了。我体会到'道不同，不相为谋'的道理。我们三个人虽然年龄、生活习惯、教育背景、家庭出身都不相同，但是能够合作，就是因为大家有共同的目标和追求，更因为大家都是君子，'君子和而不同，小人同而不和'。"

策划人王志纲认为，团队管理的最高境界是"无为而治"。孔老夫子说过，礼治君子、法治小人，周礼就讲道理，法律来惩罚小人。王志纲在后面又加上了一句话——无为而治治圣人。

在中央电视台，陈虻1993年至2000年间担任《生活空间》制片人，2000年至2007年间担任《东方时空》总制片人。他总结：

对于管理一个栏目来说，没有钱不行，但钱不是调动人的积极性的唯一方式和最重要的手段，钱多了反而会把人惯坏。我们光抓物质文明，光抓分配，解决不了根本问题。怎么才能把大家凝聚在一起呢？我觉得还得有理想。这理想说起来好像特别空泛，虚无缥缈。但是如果我们把这个理想让每个人都相信，都认为是值得追求的，是可以实现的，那么大家就会心甘情愿地去工作，这就是管理学中所说的全员接受的企业文化。

对于生产精神产品人员的管理，和对物质产品生产的管理是不一样的。我们对精神产品生产者的管理，塑其形易，塑其心难，你想让他几点钟上班，几点钟下班，必须打卡，早走不行，这太容易了，管理成这个水平是很简单的一件事。但艺术产品是没有定论的，没有哪个作品这样拍是对的，那样拍是错的。他说生活就是这样的，其实生活还有很多种可能性，他只不过选择了这种形式，你没有进入现场，不能判断他是不是真的用心了，是不是把真的东西拍下来了。只有他自身具有了一种强烈的欲望，进入思想的状态，才能真正开始思考，不是你要他怎么思考他就怎么思考的。

尊重，始终贯穿在我与人的相处关系中，当然也是我管理中一脉相承的东西。比如有人报个选题问我拍不拍，除了有硬性规定不能拍的之外，我要告诫大家的是，我从事的工作不是审核他能不能拍，而是帮助他把这个东西拍好。为什么？因为前提是他想拍，他这个愿望本身是最重要的，作为一种创作，创作者的愿望无疑是成功的关键。我的角色不是去扼杀他，而是去帮助他，这是我对自己的要求，也是对人的尊重，对人愿望的尊重。从招聘进人开始，到资金的分配，到人员节目的管理，到最后审片修改，这种理念我不敢有忘。

我认为每一个人内心深处都并存着善和恶的两面，不是哪个人绝对得好，哪个人绝对得坏，关键是他呈现出好和不好的时候，看你用什么环境激发他，用什么方式对待他。当大家都去抢一个东西时，某个人也会去抢；大家都谦让，他也不好意思伸手。只要你尊重他、信任他，一个有良知的人就会主动地做到值得你尊重、值得你信任。

　　一个团队的管理必须有员工的终身教育，不是说把他招进来你就用他，你不培养他，优秀的人才是不会来的，越优秀的人越对未来有考虑。所以不是说你掌握着钱，8000还不来，我给9000、9500，不是这个概念。他是否加入这个团队，取决于他在这个团队中能够学到东西，他能和这个团队一起提高，能为自己未来的发展做积累。而这对于一个管理者来说，你必须去营造，你必须去追求。你没有这个追求，你就不会有人才，或者人才也会利用你。你把他吃干榨净，他也把你的钱该拐骗的都拐骗走。

　　联想集团创办人柳传志对不同层面上的员工有不同的要求，普通的员工是"责任心"，中层是"责任心"加"上进心"，最高层领导是"事业心"。他解释说，随着企业的发展，当中会出现各种各样的情况，不一定要求把所有的人包揽下来，当然正常的情况下我们当然希望人人热爱联想。"三心"的意思其实就是铁打的营盘流水的兵，最高层有事业心的领导人就是铁打的营盘，下边是流水的兵。

　　柳传志认为，在人才选择上，应"以德为先"。所谓"以德为先"，就是要把企业利益放在首位，要把自己融入到企业当中。企业选择的接班人，他得把命放到企业里。

　　柳传志把管理的内容归为三个要素，叫建班子、定战略、带队伍。建班子保证了联想有一个坚强的意志统一的领导核心。定战略是如何有指导思想地建立起远、中、近期战略目标，并制订可操作的战术步骤，分步执行。带队伍是如何通过规章制度、企业文化、激励方式，最有效地调动员工积极性，保证战略的实施。他始终坚持把建班子放在第一位，因为"没有一个意志统一的、有战斗力的班子，什么定战略、带队伍都做不出来"。

柳传志把自己比喻成串起珍珠来的那条线，而不是那颗闪闪发光的珍珠。他说："对于人才，我有一个看法，对于一般的企业来说，更需要的是管理人才，为什么这么讲？因为好的科技人才和专业人才，就像珍珠，没有线，这些珍珠成不了项链，好的科技人才我可以通过高薪把他挖过来，但挖过来之后，没有好的管理人才，他们还是起不到该起的作用。起决定作用的还是线，因此管理人才是极其重要的。"

柳传志自问自答：什么是发展目标呢？我以为发展目标就是你要做什么行当，要干到多大，钱和人往哪儿投？

什么事情不能干？没钱赚的事情不能干；有钱赚但投不起钱的事情不能干；有钱赚也投得起钱但没有可靠的人去做，这样的事情也不能干。

柳传志认为，做领导的人，尤其是做第一把手的人，一脑门子扎在具体业务里不退出来看是不行的，当下面的同事做具体运作的时候，第一把手一定要退出来观察形势。用通俗的话说就是"吃着碗里的，看着锅里的"，打足提前量，及早进行设计，像开汽车一样，不能等事到临头再踩刹车、拐急弯。只有"拐大弯"，问题的解决才会稳定而平滑，遇到的阻力也会比较小，对于企业的振荡与损失也能减少到最低限度。

在企业内，遇到重大问题有不同意见，两边比例还差不多，怎么办呢？柳传志给出的方法是，先谈原则，第一把手先底下一个一个地谈话，不要谈具体的事，谈有关此事的最高原则。比如制定工资问题，要先谈定工资是为了什么，是为了某些人之间的公平，还是为了让企业更好地发展？到底哪个先哪个后？把大原则定下来以后，再一步步定小原则，再谈到具体问题，就好解决了。

柳传志在联想内部说过，我们需要媒体了解，也需要借助媒体的影响。只要自己做好了，不必刻意低调。不过，你做了10分的事，说到9分就行了，千万不要说到9.1分，多说0.1分还不如只说7分。

"我是联想主要的创业者，但我在联想中所占的比例不是太多。"柳传志说，"对于职业经理人，我的一个最主要的理念就是怎么样能够通过长期激励的方式，通过股份的方式，让这些人真的变成企业的主人，这时候他们又有经验，又能干，又有自己真正的舞台。这个舞台本身除了得到精神的东西以外，还可以得到物质的回馈。这时候我放手让人家干，我就可以打高尔夫球，我心里很高兴，他们自己也觉得干得很有奔头。"

柳传志在不同的场合反复说，中国的企业家一定要成为一个能够写菜谱的企业家，而不是照菜谱做菜的企业家。他解释：很多美国企业家是在上了 MBA 的课后按课程内容管理，一旦情况发生变化就不知道怎么应对了。而中国的企业是自己打出来的，一边做一边研究，一边总结为理论。

联想自起步始，就一直在"摸着石头过河"的状态下进行探索，这期间并没有什么理论可依循，也没有什么国内外企业的成功经验可借鉴。所以，联想的每一步成功都来之不易，当然也走了一些弯路。这么多年走过来，通过不断摸索，得到许多经验，这些经验也是联想最宝贵的财富。

在 IT 行业，游戏规则的制定者一定会比跟随者优势明显，所以企业的创新能力至关重要，必须要敢于尝试新的游戏规则。这就像是写菜谱，完全是靠自己的创新能力。

但是，如果一个企业不会写菜谱，不能根据环境、自身状况、行业情况的变化，及时制定出合适的战略，或者这个战略执行不了，那么这个企业可能就坚持不下去。

对于企业来说，应该倡导一种"发动机文化"。这是什么意思呢？好比我是一个大发动机，我下面子公司的领导，或者部门领导，有可能是一个齿轮。作为齿轮，你只需按照我的要求去做就行了，这是一个典型的"齿轮文化"。而同步的"发动机文化"则是，把合适的人放在合适的位置，让他明白他的部门跟总公司的战略是什么关系，责权利区分之后，他就可以在自己的职责范围内作具体安排，给他们充分的舞台去展现。在这个过程中，很多领军人物就会冒出来。

有人认为搞企业管理，就是不能让下面的人知道你真实的想法，像皇帝那样，天威难测。对此，柳传志并不认同，他解释："按说我的能耐我是能做到这一点的，但是我是坚决不做。我有很多次机会，但我是坚决不愿意往这方面调。毛泽东到最后也是这样，谁也不知道他心里在想什么，怕他怕的要命，他舒服吗？其实他并不舒服。我是求了一个真正的舒服。我们的执行委员会成员在一起开会的时候，真的是可以畅所欲言，可以表示不同于我的意见、跟我辩论。他们是真的有主人的感觉。"

柳传志说，我跟下级交往，事情怎么决定有三个原则：同事提出的想法，我自己想不清楚，在这种情况下，肯定按照人家的想法做。当我和同事都有看法，分不清谁对谁错，发生争执的时候，我采取的办法是，按你说的做。但是，我要把我的忠告告诉你，最后要找后账，成与否要有个总结。你做对了，表扬你，承认你对，我再反思我当初为什么要那么做；你做错了，你得给我说明白，当初为什么不按我说的做，我的话，你为什么不认真考虑。第三种情况是，当我把事想清楚了，我就坚决地按照我想的做。

媒体人何力说，要打造一个团队，不要拉拢一个团伙。

凤凰卫视董事局主席刘长乐用"大胆授权"来概括自己在凤凰的管理经验，"要相信人家的理性，要相信人家的能力。一个领导非常重要的问题就是要授权，而绝不要恋权，不要威权，更不要滥权。我既然相信你，我就让你来负责。比如凤凰网的管理我基本不过问，我过问太多，你一天到晚揣摩我的心态就受不了。我既然让你大胆干，出了问题我们再研究怎么办。领导最大的本事就在于授权。"

阿里巴巴集团创始人马云认为，阿里巴巴是同时充满理想主义和现实主义的公司。如果阿里巴巴没有理想，不可能走到现在；同样，如果阿里巴巴不脚踏实地，不充满现实主义的去做任何点点滴滴的事情，也不可能走到现在。他在一次演讲中说："让华尔街所有的投资者骂我们吧，我们坚持客户第一、员工第二、股东第三。"

马云说，要是公司里的员工都像我这么能说，而且光说不干活，会非常可怕。我不懂电脑，销售也不在行，但是公司里有人懂就行了。

2008年10月28日，马云在日本京都与人对话时说："我考了两三次重点中学也没考上，考大学考了三年，找工作八九次没有一个单位录取我。从各方面来看，我不像是一个有才华的人，无论长相、能力、读书都不见得是这个社会上最好的，为什么我有运气走到今天？我觉得我们可能是看懂了人性。人都有善良和邪恶的一面，希望灵魂不断追求好的一面，但如果不能把自己不好的一面控制住，把美好的一面放大起来，你不会成功的。我这几年所做的工作就是通过价值观、使命感，把公司优秀的年轻人善良的一面放大起来。"

2012年10月26日，马云在"金融博物馆书院读书会"上发言：我相信绝大部分做企业的人都看过《胡雪岩》，这本书我看过两次。第一次看的时候我觉得这哥们挺神的，我特别欣赏他的情和义，我觉得他情义非常好。过了几年之后我又看了一次，我觉得这个人一定不是我想学习的人，因为他讲的那个红顶商人，他的悲哀就悲哀在红顶商人。到今天为止我越来越明白，人一辈子钱和权两个东西是绝对不要碰在一起——当了官永远不要想有钱，你第一天立志当官就忘掉钱这个东西；你第一天做生意当商人，千万别想权。这两个东西碰在一起，就是炸药和雷管碰在一起，必然要爆炸。今天你不玩这个都要死，玩这个必死。感谢胡雪岩给我指出了一条必死之路。我觉得胡雪岩了不起，但是不要模仿，千万别在红道上混。

浙江温州的商人南存辉说，作为一个企业，政治应该是天，天气好的话，出太阳了，被子霉了都可以晒晒，我们也不用带雨伞！但外面刮风下大雨，还拿被子出去，那就麻烦了。

大连万达集团董事长王健林指出，万达是少有的敢公开说我们不行贿的企业，"在商言商，在政言政，最好两个不掺和"是理想的政商关系。但他也承认，这在当前中国实现起来很困难。因此，王健林给从商者提出的建议是八个字：亲近政府，远离政治。

在《大变局》一书中，秦朔把企业与政府的关系概括为两种："被动防御型"的"政治安全术"和"积极又稳健"的"政治推动法"。东方希望集团的刘永行的观点"把企业做好，多交税，就是最好的政府公关"，显然属于前者。而持"政治推动法"的企业也是有的，这些企业对政治实行"积极又稳健"的态度。所谓积极，就是争取和借助政治的力量，利用政治资源促进企业发展；所谓稳健，就是不陷入"官商勾结、违法犯罪"的泥潭。

"政治安全术"细分起来，大致包括以下内容：

首先，是跟政治的大环境、大气候、意识形态的基本调子保持一致，知道该说什么，不该说什么。一位企业家说："为褚时健叫点冤屈的话我可以说，因为立足点还是为国企好，为国家好，但说中国人权不好这样的话我就坚决不说。因为这不是你企业家该说的话。"

其次，在行为方面，充分注意合法性。自己立身要正，自己先不能违法。即使企业不得不"违法"（合理不合法），也要有周全的应对之策。一位企业家曾经说："我的企业有时不能不行贿，我就授权下属'办理此事'，授权书都在律师所备案。这样起码不是我的行为，只要保得住我，就有办法救他们。"另一位企业家说："我自己从来不沾这些事，但我请了一个人在外围帮助办这些事。"还有的企业是主动向上面汇报，预先得到理解。

第三，给自己披一些"防弹衣"，造些"光圈"，找些靠山，如这代表那委员这捐助那慈善一类，这样一般的政府部门就不太敢刁难你。

第四，为人低调务实，不招盛气凌人那一类的麻烦。

第五，企业对于可以决定自己命运、影响自身发展的周围方方面面的政府部门和重要官员，要舍得花时间精力，千万不可"只知埋头拉车，从不抬头看路"。

"政治推动法"具体说来，大体上分为三种：

一是"交朋友"。政府官员也希望跟有思想、有实力的企业家来往，了解经济情况，这也是"以经济建设为中心"的一种表现。抓住他们的这种心理，企业家可以与之建立一定的交情，取得理解和支持。例如，作为民企，陕西海星早在1995年就拿到上市指标，与公司创办人荣海的政治才能是分不开的。荣海说："海星在陕西能够做到今天，和有一个很好的政治环境有很大关系。这个政治环境一部分是人家营造的，一部分是自己营造的。营造政治环境的前提，是你要有相当的学识。就政治问题，你可以和当政的人去对话，在政治方面你是很熟悉的，你对他是关心的，你对他是了解的。他们关心的不是你这个产业，严格地讲，你去和他谈电脑，他第二天就不见你了。他有可能问：'需要解决什么问题？'解决了，这就完了。你要能就他关心的问题和他讨论，跟他交流，最后变成朋友。这时候，他才能设身处地给你营造一个非常宽松、非常自如的环境。比如你面对一个省长，今天要贷款，明天要帮助，后天又要政策，成效可想而知。而当你能和他交流，能就他所关心的问题和他展开讨论，这种讨论他又认为是有价值的，他就开始关心你这个企业，他就开始帮忙指导你这个企业了。那情况就不同了。这种关系又是一种君子之交，而不是一种金钱关系，金钱会使人不放心你、也不会和你深交。"

二是"造福一方"。如果你的企业能在一个地方成为优秀企业代表，造福当地，起到不可替代的作用，就有条件要求更多政治资源的支持。

三是建立实业报国的远大理想（不是简单地为了个人和企业发财），并且实实在在地把这种理想灌注到办企业的过程之中（不是像牟其中式地只唱高调），成为中国企业参与市场竞争、国际竞争的旗帜。这是一种"立乎其大"的"大政治"的企业观，而这样的企业，哪怕是民间企业，也必然得到政治的扶持。联想、华为、万向，就是这样的例子。据说在深圳，很多国有企业都没有得到政府对华为那样的支持。

曾任招商局集团董事长的秦晓认为，公司治理和国家治理其实是一个道理，价值和制度是更重要的，要精心地培育一种价值，培育一种文化，培育一种制度。企业内部也有寻租，对各种资源的寻租、对权力的寻租，这是经济学研究过的。因为一个大企业，一定有很多内部交易，当中就包含有利益的分配，企业资源是有限的，各个部门都会争夺这些资源。对企业来讲，最不好的一种情况，就是形成企业的领导人和下面的交易。就是说，我给你资源或职务提升，你投票支持我。因为企业领导人需要中层的支持，而中层需要资源，需要倾斜，这样就会形成交易，企业内部就形成寻租的游戏。在这种游戏下，企业制定的程序、标准以及各职能部门就被边缘化了。

许多的领导人愿意把程序打掉，由他来直接把好处交下去。因为他要用这个表明他是权威，是核心，所有人都要围着他转，按程序办没用。

秦晓说："对于这种状况，我是不赞同的。权力是种诱惑，你要不被诱惑，就要有自我约束的意识。所以，我这几年都在讲理念、制度、文化。"

万通董事长冯仑认为，大部分房地产公司的领导都会做项目，但不会做公司，做项目和做公司是两套功夫，就好比会打铁和会经营钢铁公司是两回事。

一个董事长管理的资产规模越大，视野就应该越广。我和王石一起去过很多地方，讨论过很多东西，讨论人类历史、企业历史、社会变迁，大的判断都是站在终点来看企业。董事长理性的原则是要成为一个教育家，建立制度——这是董事长最重要的产品，建立持续盈利的公司这样一个机器，而这样一个机器是通过一整套制度来建立的。

公司也一样，不能让大家为一个人的决策陪葬，公司应该少出领袖。创业者建立起持续创造财富的制度，然后应该淡化自己，用好的机制选拔人，用业绩淘汰人，这个公司就能进步——哪怕关于房地产的事儿一点儿都不懂，懂这两句话，就能行。

冯仑发现，上市公司和非上市公司的董事会在开法上有些有趣的现象。上市公司参会的董事对法律责任、勤勉尽责、独立董事的义务等都非常清楚，所以董事会上大家发言比较谨慎，而且特别认真；非上市公司这边，大家开会心情放松。比如关于盈利指标的计划，上市公司这边大家知道已披露是不能改的，必须这么做而且一定要做到。总经理就说：是，我们已经有安排，应该没有问题，可以做到。做不到，谁谁谁一律下岗。非上市公司开会的时候，总经理会说：指标能做到，我们努力。

冯仑感觉到，两边压力不太一样，一件事如果公众化后，有很大潜在的能量。也就是说，成为公众公司本来是公众对它有压力，但反过来会转化为自我的内在压力。所以，外部公开的监督转化为内在的约束非常重要，而且很明显，非上市公司由于外在监督相对弱，所以内在约束也相对弱。

经叔平 1918 年出生于上海的一个民族工商业家庭，1939 年从上海圣约翰大学毕业后就开始投身于工商业，担任过全国工商联主席。回顾自己一辈子的工商业经历，经叔平认为"最最重要的一条还是信誉"。他举例说："有一天早晨我正在家吃早餐，有一个银行的经理到我家里来，他对我说，你有个朋友，有张支票，要多少钱，可在银行里他的账户上实在没有钱了，这张支票退还是不退？我说，哎呀，你应该帮他一下忙嘛，应该不退嘛。他说这样可以做，就凭你的一句话我可以不退。隔了一天，我这个朋友的厂宣告破产，我没有第二句话，他这张支票多少钱，我马上开过去一张支票补上它。当然我当时也可以说，啊呀，当时只是你问我，我也没想到会出现那样的情况呀。但是做事是不可以这个样子的，说话都要算数，因为信用是最要紧的。"

周济是"文革"后第一届研究生，在美国拿到博士学位，回国后先是在高校搞科研和管理工作，后来从政。2002 年 3 月，他在担任武汉市市长时，接受了《科技日报》记者的采访。他说："我觉得，做课题组组长，后来做校长，厅长，一直到做市长，确实内容不一样，范畴不一样，但是本质上还是相通的。当然，科技工作、科研同管理工作是不一样的。但是现代科技、大科技同管理是密切联系在一起的，本质上是相通的。从工作方法上讲，我还是三条，我当校长的时候是这样做的，现在还是这样。第一条是出主意，定战略，研究政策和策略，这是第一位的；另一方面就是靠组织、用干部去执行、实施我们这些思路、想法；第三条是亲自抓一些重点，自己比较细致地做一些比较关键的工作，以点带面。"

周济是清华大学的本科，所以他对清华大学情有独钟。有一次，他问身边工作人员：我们清华大学的毕业生不少人都发展得很好，你知道为什么吗？随即他自己总结说，发展好的，基本上都是当年的学生干部，我们这些学生干部有一个标准口号："听话、出活"，这是对毛主席"又红又专"指示的诠释。听话，就是要把领导交办的事情听进去；出活，就是要把领导交办的事情做好。周济接着说，一般而言，听话的，往往出不了活；出活的，却往往不听话。这两种情况都不行。当上了教育部部长后，周济在一次司

这个时代的人

局长会议上，专门把"听话、出活"提出来，作为对下属的要求。

2000年时任福建省省长的习近平在接受《中华儿女》记者采访时说，在第一步跨入政界之前，首先要在思想上弄清楚这个问题，这就是你要走的是什么路？你所追求需求的是什么？我对自己定了这么几条：

一是要立志当"公仆"做大事。熊掌和鱼不可兼得，从政就不要想发财。正如孙中山讲的，要立志做大事，不要做大官。你如果想发财，合法致富的路很多，那种合法致富既发财又光荣，将来税务部门还要给你授奖，因为你促进了社会主义市场经济发展。而你既要从政，又想发财，就只能去当让人指脊梁骨的赃官、贪官，既名声不好，又胆颤心惊，总怕被人捉住，最后落个不好的下场。所以，要从政，就是一种事业的追求，就得舍弃个人的私利，不能什么好处都想得。一个人也许一辈子成就不了什么大的事业，但最起码他是两袖清风，一身正气。

二是在从政的整个过程之中，不要把个人的发展、升迁作为志在必得的东西。因为这是不可能的，没有这种公式，没有这种规律。升迁并不是因为你这个人有多大本事，或者你这个人有多大背景，就可以必得的。本事也罢，或者是强烈的责任心、非凡的智慧也罢，它只是其中的一个因素，而且它还要和当时的天时、地利、人和条件相配合，看哪一个起主要的作用，哪一个起配合作用。这些都不是一种定数，不是用数字可能推算出来的。譬如讲，你要想当将军，首先必须能够打胜仗，因为只打败仗的军人非但当不了将军，还有可能会出师未捷身先死。同时，你具有了打胜仗的本领，也不可能天天有仗打，特别是在和平时期更是如此。有了仗打，就有了机遇。这也就是说，只有你将机遇和成功的要素集于一身的时候，你的追求才有可能实现，这是很难的。如果你主动去追求，终生不得志，将会很失望、很痛苦的，这就要对升迁问题怀平常心，像古人管子所说的那样，"不为不可成，不求不可得，不处不可久，不行不可复"。

三是要有不怕艰难险阻，持之以恒干工作的准备。从政是一条风险很大、自主性不是很强的路。尤其是受了挫折以后，一些人极容易产生自怨自艾的想法：我为谁啊，我这么干还要受到这么多的冷遇，这么多的不理解，何必呢？一些当时跟我们一起从政的人就因此而离去了。在一个地方干下去，只要你坚持下去，最后都会有所成就。成功的规律就是一以贯之地干下去。

所以，既然走上这条路，那你不论遇到多少艰难险阻，都要像当过河卒子那样，拼命向前。我的从政道路中也有坎坷、艰辛、考验和挑战，没有这些是不可能的。

2003年8月，因"严重违纪"，原河北省委书记程维高被开除党籍，撤销正省级干部待遇。他事后反思说："在你位高权重的时候，你要识别一个人，你要听一句真话，真是难上加难。因为你身边的人，你周围的人都是按照自己的利益需要来确定在你面前的行为方式和表演方式。"

邓小平在晚年经常提到一句话：做个明白人。

据曾在李克强手下工作的人员介绍，早在1980年代李克强就对从政进行过总结——在中国的社会条件下，为官必须具备三气：官气、书生气和义气。官气就是能服众，遇到大事时能镇住场面；书生气就是在知识结构和政治视野上能跟上时代；义气就是上能让提拔自己的领导放心，下能赢得同僚、下属和民众的信任。

曾担任国务院副总理的吴仪说："我最大的理想就是做一个大企业家。在企业，自己的思路、决策马上能见效，更容易有成就感。作为政府官员就不能完全按自己的想法办事情，要方方面面都考虑到。"

国务委员刘延东认为，经济工作相对好做，而政治工作就是团结更多的人，尽量减少敌人和对手。

1998年3月24日，朱镕基当选总理后，第一次在国务院全体会议上讲话，要求本届政府不要做"好好先生"，而是要做"恶人"。不要说"我们现在这个社会已经变成庸人的社会，都不想得罪人，我不同流合污就行了"，这样想是不行的。

朱镕基说：首先，你们可以得罪我。我这个人气量不大，很容易发脾气，你要跟我辩论，我可以当场就会面红耳赤。所以，我记住了这句话：

"有容乃大，无欲则刚。"你没有贪欲，你有刚强，什么也不怕。这是我的座右铭。虽然我的气量不大，但是我从不整人，从不记仇，这是事实可以证明的。相反的，对于那些敢于提意见的人，敢于当面反对、使我下不来台的人，我会重用他。当然，也不是对一切人都重用，如果他没有能力，我还是不能重用。

朱镕基现场举例说，本届政府刘积斌同志算一个，为了发国债的问题他曾跟我争得一塌糊涂，当时我对他很有意见。我到现在也认为，他还是错的，他那种发国债的办法是不行的，去年不是已经证明按我的办法做是正确的吗？不能搞市场招标，把利息抬得那么高，国家怎么负担呀？中国是特殊情况，国债利率比银行存款的利率高，世界上其他哪个国家有这种情况？你搞国债市场招标，只能把高利息给那些投机倒把的人。但是积斌同志很正直，很有能力，我认为选拔积斌同志担任国防科工委主任是很适合的。所以，请同志们对我放心。我当时可能会跟你们发脾气，跟你们争，甚至说一些很难听的话，因为"江山易改，本性难移"，我不是不愿意改，而是改不了了。

2003 年 1 月 27 日，朱镕基卸任总理职务之前，最后一次在国务院全体会议上发表讲话。他说：过去这五年，是我人生历程中生活最愉快的五年，也是体会到自己还有一点价值的五年。这个价值就是，我跟大家一起，确实能为老百姓办一点实事。我只要说句话、打个电话，大家就知道是什么意思，不用我说太多的话，大家就都一起去干。在过去的五年里，我对同志们有过很多批评，也许有些同志感到跟我在一起不太自在。不管我批评得对或者批评得不对，我都请同志们谅解，请同志们相信我是出于公心。

朱镕基还说：我过去几年里每晚是一定要看《焦点访谈》，我觉得我作为总理，如果不去关心人民的疾苦，我当什么总理！我看完后必定打电话，不是打给部长就是打给书记。尽管我知道打电话只是针对几个农民或者几个百姓的问题，但是我能为这几个农民、几个老百姓申冤，能够解决问题，我觉得好受一些，大事办不了，办了一点小事也好。有时也想不打电话了，反正这种事情多得很；但转过念来一想，我还是要打。我希望同志们今后还像我在位的时候一样，重视来自人民群众直接的投诉、直接的呼声，帮他们解决问题，哪怕只是一个人的投诉、一封人民来信，哪怕就是为了这一个人。

朱镕基主持国务院工作时，曾经先后在多个场合，向官员推荐西安碑林刻录的一则明代官箴："吏不畏吾严，而畏吾廉；民不服吾能，而服吾公；公则民不敢慢，廉则吏不敢欺。公生明，廉生威。"朱镕基说他从小就会背诵这段箴言，希望每个官员都能明白这个道理。

首任国资委主任李荣融强调"讲规矩"，他有两个"不轻易"的工作风格——重大决策不轻易定，定了不轻易改。

"在制定政策的过程当中，你应该耐心听取各方的不同意见，这也逐步形成国资委的重要风格。"李荣融说，"定了的事不能轻易改，朝令夕改搞不好事情。应该有这个自信，因为定的过程很严密，方方面面的意见都听到了，近期的、中长期的利益都考虑到了，就不应该轻易修改。"

这一工作风格使李荣融"得罪的人多了"，他认为，平息这些人内心不满的关键是"对所有人都一视同仁"。

曾任国务院新闻办公室主任的赵启正说："聪明和智慧是有区别的。美国数学家、诺贝尔经济学奖获得者纳什也说过，人年轻时可能很聪明，但年纪大了会更有智慧。我认为，对于政治家来说，拥有智慧更加重要。"

他还说："智慧需要丰富的知识基础，知识经过个人的努力也许能较快地积累起来，但智慧的成长则需丰富的阅历和自我磨练——这就需要时间。令人惋惜的是，当具有足够的智慧时，他也具有了足够的年龄！"

2003 年 4 月，王岐山从海南省委书记的任上空降北京，出任北京市代市长，主持应对"非典型肺炎"（SARS）危机。一年多之后，他与当记者的一位老友谈起了这件事：许多人说我是临危受命、抗击 SARS、挽狂澜于既倒，其实我自己很清醒，我知道这是一种历史机遇。今年（2004 年）4 月，央视记者王志（"面对面"栏目）找到我，说抗击 SARS 一年了，能不能再做一期节目，回顾一下我到北京的这一年。我说不行，王志说，他（王志）都评为抗击 SARS 的英雄了，你这个抗击 SARS 的市长在一周年的时候，怎么反而不说话了呢？我说真的不行，抗击 SARS 成功，功劳是中央的，是大家的。至于我，现在北京要做的事太多，还不是我接受采访、总结成绩的时候。国务院新闻办的赵启正，也是几次邀请我去举行新闻发布会，我也没有答应。当然，如果你们这些记者不在，电视摄像机不在，市政府关起门来开会，我还是不客气的，该怎么说就怎么说。

王岐山还谈到，我是学历史出身，站在历史长河的角度看，既然中央调你来了，既然历史给了你这样一个机会，那么你只能尽力去做。从 1980 年代开始，我调来调去，工作经历确实很"杂"，但是，从事的工作门类越多，参加工作的时间越长，我就越清醒，我知道，各行各业各个领域，有学问、有能力、有智慧、有魄力的人太多了，我算什么？因此，每到一个新单位，我总是希望低头拉车，多做实事，而且要多向其他人学习。可以这样讲，在北京，能人有的是。只是历史恰好把"做市长"的这个机遇交给了我，我对这一点，还是能认识清楚的。

在蒋正华的人生中，有两次比较大的角色变化：一次是 1991 年，从西安交通大学教授转而担任国家计划生育委员会副主任；一次是 1997 年年底，开始担任中国农工民主党中央主席。在接受记者采访时，他谈起自己从政后发生的转变：学者的接触面有一定局限，我的接触面就这么大，话讲错了也不要紧，一笑就过去了。现在不一样了，如果是在工作当中，你讲的话人家就要按照这个去做事情，所以现在讲话就得要小心。你的位置变了以后，你会意识到，就是因为你的影响不同了，我自己对我讲的话要负责任，这样你很自然地就会谨慎了。

2012 年 6 月，作家王蒙的新书《中国天机》出版后，接受《新京报》记者的采访。记者问"中国天机"的具体含义，王蒙提了这样一件事："深圳市委书记厉有为写悼念谢非的文章，登在《人民日报》上，是这样说的：谢非同志告诉我，你好像很致力于改革，这是好的，但是你说话太多。你要知道有些事就是要先做但不要说，有些事一边说着一边做，还有一些事你先说着，不一定急着做。"

刘仲藜担任过从中央到地方的多个领导职务，包括黑龙江省副省长、国务院副秘书长、财政部部长、国务院经济体制改革办公室主任、全国社会保障基金理事会理事长等，最后于 2008 年 3 月，从全国政协经济委员会主任委员的位子上退休。他总结自己的工作经历：

"财政部的工作是面宽，对方方面面都要了解，都要放在心上；理事会的工作是纵深，股票曲线图中一个带颜色的小方块，可能就要学整整一本书。"

"我对国务院办公厅副秘书长的定位是，有建议权，没有决定权。两年时间里，我只签发过一个文件，就是把一个会议的召开时间从'明天'改到'后天'。"

"中央部门领导和省政府领导的职能不同，工作方法也不同。"

"当副手最重要的是维护团结协作，维护一个集体的荣誉。当一把手要善于听取大家的意见，调动大家的积极性，更要敢于负责，如果见好的就揽过来，不好的就往外推，不下两次就会名誉扫地。"

刘仲藜清楚地记得，小时候父亲逼他背诵朱伯庐的治家格言："不饮过量之酒，不贪意外之财；一粥一饭，当思来之不易。"他说，当"官"这些年，自己问心无愧，在离开每一个岗位时，那儿的人不是放鞭炮庆幸他走了，而对他多少还是心生留恋和不舍。

意志第四

2006年11月13日，在中国文联第八次全国代表大会、中国作协第七次全国代表大会上，国务院总理温家宝同与会的文学艺术家谈心时说，一些伟大的文学艺术家，他们之所以产生不朽的作品，除了他们具有非凡的才华之外，往往与他们特殊的经历有关。他拿司马迁在《报任安书》中的一段话举例："文王拘而演《周易》；仲尼厄而作《春秋》；屈原放逐，乃赋《离骚》；左丘失明，厥有《国语》；孙子膑脚，《兵法》修列；不韦迁蜀，世传《吕览》；韩非囚秦，《说难》、《孤愤》；《诗》三百篇，大抵圣贤发愤之所为作也。"

清华大学教授秦晖在兰州大学历史系读研究生时，他的导师赵俪生给他讲过从古今中外历史中，总结出来的一个"人才学"现象：生于穷乡而终老僻壤者，难以成材；生于市井而终老市井者，成材亦稀；唯有生于穷乡而后转入城市者，成材率高。

秦晖在《穷则兼济天下，达则独善其身》一文中写道，在许多民族争取自由的历程中都有这么些人，如甘地、哈维尔、曼德拉等。他们并未在学理上给自由主义带来多少贡献，甚至他们本人的思想还未必说得上是"自由主义的"。然而他们对自由的贡献无与伦比，其原因不在其言而在其行：一是他们面对压迫敢于树立正义之帜，反抗专横而不仅仅"独善其身"，从而跳出了"消极自由"的悖论；二是他们宽容待世，不搞"己所欲必施于人"的道德专制，更不自认为有权享有比别人更多的自由，从而跳出了"积极自由"的陷阱。应当说，一个民族能否取得自由，不是取决于它有没有自由理论家，而是取决于它有没有这样的自由实践者。即便我们写不出罗尔斯、哈耶克那种层次的理论巨著，我们也可以实行"拿来主义"；但倘若我们干不了甘地、哈维尔等人所干之事，那是决不会有人代替我们干的。

2011年11月4日，京衡律师集团董事长陈有西在西北政法大学做演讲时，打了这样一个比喻：中国是一艘慢吞吞的大船，我们都是这条船上的水手，我们只能跟着这条船的速度慢慢地往前走，而不能一个人脱离它的速度拼命往前跑，因为这样就会一个人冲出船头，掉到大海里淹死。你更不能拿起一块石头，把这条船砸出一个洞，让这条船破掉，破掉以后船上的人都死了，你自己也死了。我们只能做它上面的水手，用我们的顽强的意志，坚韧不拔的努力，帮它划桨，让它走得快些。

近年来，律师郝劲松针对社会上的不合理现象，多次提出公益性质的诉讼，状告过多个国家部委。他说："中国所遇到的转型期问题，其它国家和地区也遇到过，它们的法律人士起到什么样的作用，历史都有其相似的规律。我们所要做的就是配合政府，让它更规范一点，民主政治建设的步子更大一点。它是需要公民推动的，你要不推动它，它很难自我改革。"

他还说："民主就是一条跑道，我们暂时无法确定这个跑道有多长，我们把它初步假设为一个5000米的跑道，要用20年或者15年的时间实现。政府也在这个跑道上，你不可能抛开政府就能进入现代社会，当你去推动政府的时候，你首先要让政府觉得这个力量它是能承受的，是安全的，目的是要把它往前推动。在这种状态下政府是安全的，你也是安全的，跑道以外的人也看到了郝劲松是安全的，那就会有更多的人走上这条跑道。人多了，民主的进程就会缩短。"

2011 年，北京的自由撰稿人柳红自荐参选她所在选区的人大代表，虽然她未能成为正式候选人，但还是在 11 月 8 日零时，投下了其选区的第一票。她认为，历史是靠每一个人的正面累积而进步的，每一个人的意愿、觉悟、选择、行动才是最根本的。在投票日感言中，柳红这样写道："到底是知易行难，还是知难行易。我认为是知易行难。人不仅要想点什么，还要说点什么，把想的说出来；更要做点什么，把想的说的做出来，坚持做下去，经年累月。很多人，都为我们做了一生看不到果实的努力，但是，果实何需自己亲眼见到呢，世界到处都见到了。我们总有一天也会见到。"

2000 年 2 月至 2003 年 2 月，吕日周在山西长治担任市委书记期间，发动了一场前所未有的改革试验，被许多人看作是如同孤身一人挑战风车的堂吉诃德。对于官场中的所谓游戏规则，吕日周感到的是无奈和愤慨："就因为你与他们一些人不同，你没有遵守某些实际规则，你就被称为'异类'，被称为'有争议'，而在现实中，有争议往往就是一种否定。'太平官'什么事都不干，反而往往能够升迁，这岂非咄咄怪事？"

对于长治改革试验的价值，吕日周说："我曾在大连的棒槌岛上观海潮，那迎面扑来的浪头，排山倒海般轰地扑向海岸，似乎力量惊人。可浪退后一看，几乎没有什么变化。一两个人的一两次冲击，不能期望过高，但是，成千上万这样的人的持续不断地冲击，就能改变整个社会。"

河北徐水县的农民企业家孙大午，以中国传统的儒家思想管理企业，个人生活极其简单，却出巨资为当地百姓修建学校和公路，追求与乡亲们共同致富。他不给各级官员送礼，甚至还动不动就和当地的政府部门打官司。他说："我不是不懂、不会圆滑，而是耻于这样做人。"

在经营大午集团的过程中，被投毒、剪电线、毒打、暗杀、诬告、判刑……几乎什么事情孙大午都经历过。他说耶稣的故事让他感动："耶稣被钉在十字架上时，向人们讨口水喝，有人却拿破布蘸上盐水递给他，耶稣只怜悯地望着天说：原谅他们吧，他们不知道自己在做什么。"他说他也是这种心态。

2008年4月19日，联想集团创办人柳传志与中国人民大学的学子们交流心得：有一句话叫做困难无其数，从来不动摇。我的体会就是尽量把事想清楚，知道水深水浅后考虑创业。我们在企业做战略决策都是这样，事前把情况反复想好，再去做，就要坚决。一动摇，什么事情都做不成。比方过去火车站电话号码因为线少，老是忙。要想打通就要不停地拨，拨一钟头终于拨进去了，前提条件有一种情况就不行，那就是号码拨错了，预先尽量把号码拨对，然后下决心。奔着这么做就不会动摇了。

柳传志说，每当面临重大挑战的时候，自己就像打了激素似的，会格外的精神。他认为大企业家都是英雄主义者。

柳传志回首自己的创业之路："志同道合，有共同追求的人在一起打拼，这个感觉简直好得不得了。曾经有一个阶段，比如在计划经济向市场经济转型那个阶段、创业的阶段，其实是非常痛苦的，每年都有要死要活的事，而且有想做好人都很困难的时候，这种时候不愉快。现在都过去了，就愉快了。"

2002年后，中央电视台主持人崔永元把主要精力都放在了口述历史工作上，对数以千计的老人进行了抢救性采访，让他们讲述自己对战争和革命年代的记忆。他的理想是，建一个口述历史博物馆，人们登记证件便能进馆查询、借阅，学生们借此能写出很好的论文。这个工作，也同时改变了崔永元对人生的看法："我每看这个，就觉得自己非常渺小，我们受那点委屈算个屁啊。这里所有的人都是九死一生，家破人亡，多沉重的词啊，对他们来说小意思。受尽委屈，有误会，一辈子不给钱，半辈子吃不饱饭，儿女找不到工作，女朋友被人撬走，想加入组织就不让你进，邻居一辈子在盯着你。当我每天在看他们经历的时候，我忽然觉得我这个年龄经历的所有的事都特别淡。"

崔永元向人谈起做口述历史工作的感受："做历史工作者很寂寞，不是表面的那种，今天有人约你吃饭，明天有人约你喝酒，多得你挡都挡不过来。我觉得那种寂寞是心灵深处的寂寞。寂寞得要死，就是找不到知音，不知道跟谁说，就是这种痛苦，但却有它长久的价值和生命力。"

律师张思之参与了包括"林彪、江青反革命集团案"在内的多起标志性案件的辩护，屡败屡战，自嘲为"一生都未胜诉的失败者"，可人们却尊他为中国律师界的荣耀和良心。"即使只能做一个花瓶，我也要在里面插一枝含露带刺的玫瑰，"张思之说。

有人问他如何评价自己所做的事情，他答道，"很简单，努力了，不精彩。"

中国政法大学老校长江平有一句话：只向真理低头！

江平多次谈到，他人生最大的痛苦是被划为右派的时候，甚至比让火车轧断左脚、安装假肢还要痛苦。他解释说，现在的人对于右派的概念不像我们这一代人感受这么深切，右派意味着你在政治上从人民的阵线被转到了敌人的阵线。那个年代，政治生命几乎占了一个人生活的主要部分，不像现在，大家在政治上淡漠多了。在政治上变成了敌人，那种痛苦是致命的，更何况我所待的单位是政法学院，又是在北京这么个政治气氛浓厚的地方。所以，我一想起自己被划为右派的那段日子，真是很痛心，用任何语言都很难比喻这种心情。而且，并不会因为右派很多，就能减轻痛苦，这毕竟是一个人自身的感受，每时每刻都能感觉到周围环境对你的压力。

2009年9月10日，马云在阿里巴巴集团创建10周年晚会上对员工讲话："来到阿里巴巴不是为了一个工作，而是为了一份梦想，为了一份事业。我这儿想分享一段话，我不断拿它来激励我自己，也是想激励大家的，我讲了N多遍今天还想讲一遍：今天很残酷，明天更残酷，后天很美好，绝大部分人死在明天晚上，看不到后天的太阳，阿里人必须看到后天的太阳。"

张立宪当初编辑《读库》时，没有想到什么商业前景，只是偏好而已。

当很多人在学"四两拨千斤"的技巧时，他主张聪明人下笨工夫。他还说，现在这个社会不缺聪明人，缺的是笨工夫。

杨显惠的《夹边沟记事》、《定西孤儿院纪事》和《甘南纪事》，都是他通过多年的实地采访，才得以完成的非虚构文学作品。

"我生性愚钝，编不了故事，所以采用这种实地采访的写作方式。"杨显惠说，"我认为非虚构文学可以真实地记录历史。它的价值和意义不在今天，而在于明天。如果没有非虚构文学，将来人们就会把虚构文学歪曲了的历史当做正史。那样的话，我们这个民族就彻底没有希望了。"

杨显惠对自己的非虚构写作很有信心："在今后一段时间内，没有人会超越我。并不是说我有多大才华，是因为别人下不了我这工夫。光凭聪明是超不过我的，他需要既聪明又下工夫。作家们不愿意吃这个苦——一个人一个人地去访问，大多是老人，没有显赫的声名，除了尘封的记忆一无所有。写出这样的历史，是笨人干的事。"

长期担任编剧工作的沙叶新曾写过一首诗，最后几句是："即便我受骗一千次、一万次，我也坚信：总有一朵花是香的，总有一片情是真的，总有一滴血是热的，总有一颗心是金的！"

学者陈乐民有手不离书的习惯，因为"离开了书，心里便无着落"。

陈乐民在生前最后一次进医院之前，已经身心衰竭，大约自己有所预感，用圆珠笔在一页纸上写了几行字："把一切麻烦之事都摆在理性的天平上，忍耐、坚持、抗争。春蚕到死丝方尽，蜡炬成灰泪始干。"

"当蜘蛛网无情地查封了我的炉台，当灰烬的余烟叹息着贫困的悲哀，我依然固执地铺平失望的灰烬，用美丽的雪花写下：相信未来……"这是1968年，诗人食指写下的诗歌《相信未来》。中央电视台主持人白岩松说："多年以后，我无可救药地被这首诗感动，并从中读出带泪的乐观和深藏痛苦的信念。"

有人问白岩松：你为什么在新闻界坚持这么久？白岩松回答：我一直没坚持过，我是按照惯性下来的，只要坚持一般就没戏了。

　　有人说，如何面对失败决定人们是否可以成功。白岩松说不一定，他认为如何面对表扬、奖励和成功才是真正的考验。

　　电视主持人这个很难不出名的行当，经常让业中人士，把名气当成自己优秀的标志。其实，名气与优秀，还真不是一回事，有时甚至差得很远。

　　所以，白岩松说："有的时候，我会很有兴趣地与叫白岩松的那个人保持一定的距离，看他的被异化，观察与思考在他身上的有趣之处，看他与社会和公众之间的关系。"

　　面对现实，白岩松推崇的是改变，而不是抱怨。他在接受东方卫视主持人曹可凡的采访时说，做一个记者要面临两个挑战：一个是作为记者，不管在全世界哪儿都要面临的挑战；还有一个是作为中国记者的挑战。我希望作为中国记者所面临挑战的比例越缩越小，最后有一天能回到一个全人类所有的记者都要面临的挑战。如果真做到了这一步，你就更没什么可抱怨的了，因为你发现在美国同行也面临问题，在日本新闻同行也面临问题，永远面临着真相、真话，然后和外在的障碍之间的这种博弈，哪儿都一样。我觉得中国应该在沿着这条路走吧，如果不是的话，我们还走什么劲呢？

　　白岩松称，中国电视的发展取决于现在的既得利益者，"当他作为改革者推动的时候，一腔热血，一转身他成了既得利益者了，有权了有名了有钱了，开始保护自己的利益了。我非常看不惯有的昨天还是一个改革者，今天一转身就在阻拦改革。"他也警惕着自己成为其中一分子。

　　"把理想揣起来"，白岩松说，"理想不是用来谈的，梦想也不是用来谈的，而是有一帮人能够忍受着委屈甚至误读，能够坚持着以长跑的姿态去做的事情，甚至非常的不诗意，一点都不浪漫，残酷至极，甚至有无数人掉队，最后几代人去把它实现的东西。"

作为中央电视台《东方时空》的创建人之一，陈虻始终坚持：新闻的改革不可能是领导告诉我们：同志们，禁区开放了。永远没有这种时候。干新闻干一辈子的人会有体会，新闻的改革永远是撞击反射，不是别人给你东西，而是你做出东西，让人认可。要由新闻的从业人员自己去寻找新闻的突破。

你必须退让的时候，就必须退让。但在你必须选择机会前进的时候，必须前进。这是一种火候的拿捏，需要对自己的终极目标非常清醒，非常冷静，对支撑这种目标的理念非常清醒，非常冷静。只有你非常清楚地知道你的靶子在哪儿，退到一环，甚至脱靶都没有关系。环境需要你脱靶的时候，你可以脱靶，这就是运作的策略，但你不能失去自己的目标。

他说："我很感谢我的职业，因为传媒的作用使我们个人的努力被放大了，能够影响更多的人，所以，我认为当别人赞美你的时候千万别拿自己当人，当想到你的工作成果有上亿人在观看的时候，千万别拿自己不当人。"

2003年4月，柴静去中央电视台《新闻调查》栏目组、担任出镜记者的时候，她的领导陈虻告诉她："只问耕耘，不问收获。"柴静自己后来的体悟，更进了一层——耕耘本身就是收获。

回顾自己的从业经历，柴静觉得最艰难的时候，是从湖南卫视《新青年》到中央电视台《东方时空》的那一年。从一个文艺性的节目到一个新闻性的节目，这意味着她的思维、生活方式都要发生颠覆性的改变。柴静说，当初决定走进《东方时空》时，"每个人都告诉我，这样选择是个错误，你不适合做新闻。"尤其是那些爱护她的人，不愿直接提出异议，保持着沉默，却给她带来了最大的压力。不出所料，刚到《东方时空》时，柴静患上了严重的不适应症，特别是到了第二个月时，"我不写文章了，也完全不会说话，得了失语症一般，我觉得自己做什么、说什么都是错的，我一再问自己，我是不是完全错了？也许有太多顾虑、太大压力，过去几年建立的世界完全破碎了。"是生存下来，还是就此熄灭？柴静做了个比喻："白血病人一般是到了最后关头才会换血，以求获得重生。而我的换血不是被动进行的，我要在我年轻、有活力、再生力强的时候完成换血，而不是到了生死关头不得已而为之。"最后，经过一个像花豹改变自己身上花纹一样的苦痛过程，柴静成功地完成了向新闻人的蜕变。

《孙子兵法》里有一句话，"转圆石于千仞之山"。柴静解释说，圆石本身是没有什么能量的，但当它处在千仞之山的高度，如果滚下来，其势能就可想而知了。所以，人应该思考怎么形成本身的势能，找到自己的势能。水滴石穿，也并不是水有多厉害，而是水找到了自己的势能。

武汉理工大学教授黄启荃给即将毕业离校的学生留言："里程碑无言，默默地向远方延伸，不奢望穷尽前方的里程碑，只希望走过的里程碑留下新的刻度。"

以出世的精神做入世的事情，这是经济学者樊纲喜欢的人生哲理。他在接受中央电视台《东方之子》栏目采访的时候说，做事的时候，一定要入世，目标应该设得高一点，有东西去追求；但是，又要以一种出世的态度，不要期望一帆风顺，超然一点，别太计较后果。

在温哥华的一次聚会中，经济学者张五常遇到恩师艾智仁和他的女儿。艾智仁的女儿是张五常昔日在加州大学的同学，是好朋友，数十年不见，大家都老了，异地相逢，其喜悦之情书所难尽。她抢说："爸爸告诉我这些年来你在学术上有建树。"张五常笑问："他认为我是个天才吧？"这样问，张五常以为她会答："当然啦！"殊不知她响应道："不是的。爸爸说你有持久拼搏之能，永远比其他学生多走一步。"不是天才，但肯拼搏，是"傻佬"的定义了。但张五常还是感到高兴，并说了句衷心的话：凡是为学术而学术、为研究而研究的人，免不了有点傻，有点傻里傻气的。可不是吗？

张五常说，一篇有分量的文章，写后埋在地下三尺，总会有人发掘出来。

万通董事长冯仑说，如果立志做中国最好的企业，眼前一切困难就无所谓，你的心态也会很健康。要学会把丧事当喜事办，因为痛苦是男人的营养，一有烂事来了，你就又伟大了一点。

在他看来，伟大是管理自己不是管理别人，伟大是熬出来的。所谓熬，就是一种直面问题、不逃避的精神，这样痛苦最终会转化为营养。

冯仑认为，当你做一件你希望它伟大的事情时，你首先要考虑你准备花多少时间。如果一年，绝对不可能伟大。20年就有机会了。做任何一件事情，时间是最重要的。在时间的过程中，你会发现聪明人和笨人在互相转化。时间使聪明和愚蠢不断颠倒，愚蠢的人靠时间变成聪明人，而聪明人想偷懒节省时间使自己做了愚蠢的事。所以伟大的人常常一开始做了一个被人认为愚蠢的决定，但他用十足的耐心，靠时间颠覆了是非标准。

冯仑向人解释成功："成功就像走路，比别人走得长又还活着，还能笑，别人就认为是成功。其实两个字就可以说明白：死扛。"

巴勒斯坦领导人阿拉法特是冯仑心中的楷模。在冯仑看来，时间是一个男人做事的最大赌注，而阿拉法特就如同西西弗斯一样，用一辈子去做了一件看似不可能成功的事情。尽管如此，冯仑觉得自己能理解阿拉法特的毅力，而且经常鼓励自己：阿拉法特大哥四十多年都没成事，还有什么可孤独的。

风马牛网友大命问冯仑：信仰对一个人起到什么作用？

冯仑答：信仰是生命的光芒，也是奋斗的发动机、加油站。随着时间的推移、环境的变化，信仰往往会越来越坚定而不会改变，除非你这个信仰是假的。你去看宗教的信徒都是这样，越有信仰的人，越苦信仰越坚定，因为他会把所有的苦难和环境的不利，当成是实现信仰的必经阶段和为实现理想对自己重要的考验，所以他会以非常乐观的心态去面对时间和痛苦。

北京大学教授季羡林谈到：王静安在《人间词话》中说："古今之成大事业大学问者必经过三种之境界。'昨夜西风凋碧树，独上高楼，望尽天涯路'。此第一境也。'衣带渐宽终不悔，为伊消得人憔悴'。此第二境也。'众里寻他千百度，蓦然回首，那人却在，灯火阑珊处'。此第三境也。"静安先生第一境写的是预期。第二境写的是勤奋。第三境写的是成功。其中没有写天资和机遇。我不敢说，这是他的疏漏，因为写的角度不同。但是，我认为，补上天资与机遇，似更为全面。我希望，大家都能拿出"衣带渐宽终不悔"的精神来从事做学问或干事业，这是成功的必由之路。

季羡林与人聊治学经验："我记得，鲁迅先生在一篇文章中讲了一个笑话：一个江湖郎中在市集上大声吆喝，叫卖治臭虫的妙方。有人出钱买了一个纸卷，层层用纸严密裹住，打开一看，妙方只有两个字：勤捉。你说它不对吗？不行，它是完全对的。但是说了等于不说。我的经验压缩成两个字是勤奋。再多说两句就是：争分夺秒，念念不忘。灵感这东西不能说没有，但是，它不是从天上掉下来的，而是勤奋出灵感。"

学者李泽厚说，真正搞文艺要耐得住寂寞，许多文学家、艺术家生前并不怎么出名，有的画家甚至生前一幅画也没有卖掉，但他死后却价值倍增。如西方的卡夫卡写作就不是为了生存而写作，也不是为了出名，搁了好多年没拿出去，只是为了一种表达。文学家要进入一种状态，一种弃名利的纯粹的写作状态，一种为艺术而艺术的状态。例如高行健，写《灵山》就不是为了出名，搁了好多年没拿出去，不然，他也不可能获得诺贝尔文学奖。

清华大学教授楚树龙说，对他影响最大的是毛泽东的诗词，其中很多首一直到现在都还能背诵，已经深入在他脑海里，"'苍山如海，残阳如血'，当一个人写出这样的句子时，你可以想想他的心中和眼中会是什么！"

袁隆平搞杂交水稻研究，"中间遇到的挫折和打击不少，有时真的到了濒临绝境的地步了，但是还是不悲观、不放弃，而是想办法去补救，最后都挺了过来"。在 2007 年 5 月的一次媒体见面会上，袁隆平说："我的工作主要是在试验田，本来就是个苦活累活。特别是在水稻开花的时候，赤日炎炎之下，我和我的助手们每天都是头顶烈日，脚踩烂泥，低头弯腰在田间劳作。越是打雷、刮大风、下大雨，我们越要到田里面去看看，看禾苗倒伏不倒伏，看哪些品种能够经得起几级风，这可不是闹着玩的。我从参加工作到现在，只要田里有稻子，我每天都要坚持下田坎。我们搞育种的就是要坚持在第一线，这样才会发现新品种，才会产生灵感。"

袁隆平搞杂交水稻研究，他说："你别看苦，我们是乐在苦中。有的人追求名利，我们追求的是高产、优质的品种。出来一个好品种后，心理上的那种欣悦、快乐，很难用言语形容。我有很多学生很苦，太阳温度很高，晒呀，田里面是湿的，现在穿水田鞋、长筒靴还好，但还是很辛苦。我们在海南岛，一个个晒得黑黑的，像核弹头一样。"

画家吴冠中说："人生只能有一次选择，我坚持向自己认定的方向摸索，遇歧途也决不大哭而回，错到底，作为后车之鉴。我大量临摹过中国传统绘画，我盲目崇拜过西方现代绘画，鱼和熊掌都舍不得。作为炎黄子孙，要继承偌大的祖上遗产。又必须放眼世界，拿来西洋文化，我们肩上的压力确乎太重了。"

画家张仃认为，大器晚成，是中国画的一条规律。中国画是阅历、修养、功力的积累，涵养不到，格调、境界也就不到，这不是靠巧智可以捷达的。

2000年9月21日，国务院总理朱镕基在访问韩国前夕，接受韩国《中央日报》采访时谈到：我出生后就未见过自己的父亲，很小的时候母亲就去世了。那时又正值日本侵略中国，所以那段日子是很艰苦的。就像孟子讲的那样，天将降大任于斯人也，必先苦其心志，劳其筋骨，饿其体肤，也许是这种挫折与磨炼有助于自己的成长。我不管受到什么挫折和磨炼，从加入中国共产党那天起，就立志全心全意为人民服务。也许没有小时候那些挫折和磨炼，我今天就当不上总理，就不会有更好地为人民服务的机会了。

《中国经济时报》记者王克勤年复一年地坚持做揭黑的调查性报道，他自己说："好多人都在问，王老师你怎么老是不成熟，老这个样子，老是揭黑不止？我说也没什么，按照我们甘肃兰州当地的土话，我就是一根筋，愣愣的，傻傻的，一个胡同走到底，最后走得头破血流，碰到头破血流依然还是揭黑不止，依然要坚持走到最后，就这么个特点。好多人说那你为啥一直要坚持一条道走到底，我说当然与我性格里比较倔强有关，一根筋就是倔强，一条道一直走。"

1999 年年初，电影导演贾樟柯因私自拍摄《小武》一片并赴国外参赛，被禁从事电影相关工作。因此，他的电影只能以民间放映的形式和国内观众见面。这种状况一直持续到 2004 年，他拍摄《世界》时才结束。在贾樟柯看来，只要你从事艺术，你关注当下，关注人的话，一定会跟权力发生矛盾和冲突，但是你还是得去做。

他谈论自己的心态："我原来在地下阶段时告诫自己，不要因为我是被禁的导演，反映生活的时候就极端，比如说农民欠债这样的社会问题，我们可以拍他上塔吊跳楼，但从艺术上来说，它反而没有力量，因为它削弱了群体中大多数人的普遍困境，变成一种极端的困境。2004 年解禁了，我告诫自己，你不能因为你被权力容纳了，就开始变得妥协，变得退让。"

作家莫言多次向人诉说自己写作过程中的心境：一个人无论取得多么令人羡慕的成绩，实际上往往是建立在不自信的基础上的。可能他在写的过程当中很不自信，写到一半时很自信，写完了以后又不自信了，不断在自信和自卑当中挣扎。

我的写作也是这样。构思时总踌躇满志，觉得这太棒了，肯定是个了不起的作品。但拿起笔来就会想，这行吗？咬着牙坚持下去。写完了有时感觉不错，有时感觉很差，一点都没有把握。我把书送给别人，就想听到别人的反馈，但是我又不好意思去问人家，我就等待着别人看了以后真的能按捺不住地告诉我说："这本书很好看！"每个人都希望自己的孩子被别人夸奖，这种心理跟作家希望自己的作品被别人喜欢是一样的。

推己及人，我想所谓的艺术家、创造者都是这样，包括贝多芬、莫扎特等大音乐家在创造中也往往陷入绝望的状态，感觉才华被耗尽了。如果一个人一直自信，我想这个人不可能从事艺术工作，做政治家或许可以。

作家史铁生说他的职业是生病，业余才是写作。他在《病隙碎笔》中写道：发烧了，才知道不发烧的日子多么清爽。咳嗽了，才体会不咳嗽的嗓子多么安详。刚坐上轮椅时，我老想，不能直立行走岂非把人的特点搞丢了？便觉天昏地暗。等到又生出褥疮，一连数日只能歪七扭八地躺着，才看见端坐的日子其实多么晴朗。后来又患"尿毒症"，经常昏昏然不能思想，就更加怀恋起往日时光。终于醒悟：其实每时每刻我们都是幸运的，因为任何灾难的前面都可能再加一个"更"字。

王选是中国计算机汉字激光照排技术的创始人，回想他领衔的北京大学团队的研发经历，王选形容那是唐僧取经，历经九九八十一难，难关数不胜数——"在我们研制成功之前有一种舆论，怀疑我们做不成，认为即使做出来也一定比不上外国人的，比如日本，因为他们研究汉字已经很长时间了。当我们最终成功以后，又有人怀疑，称它为先进的技术，落后的效益，因为捡铅字最便宜。1988 年年底前，是整个不被看好，反对声非常强烈，直到 1988 年还批判我们，批判电子工业部选择了错误的单位，选择了我们这个方向，认为北京大学的这个工作，使中国的照排落后世界 10 年以上。当时一片怀疑和反对声，一直到了 1989 年以后，忽然一下子全变了。"

王选说，他在从事汉字激光照排技术的研究过程中，最大的苦恼是大多数人不相信中国的系统能超过外国产品，不相信淘汰铅字的历史变革能由中国人独立完成，"我说要跳过日本流行的第二代照排系统，跳过美国流行的第三代照排系统，研究国外还没有商品的第四代激光照排系统。他们就觉得这个简直有点开玩笑，说：'你想搞第四代，我还想搞第八代呢！'"

"我想起巨型计算机之父西蒙·克雷曾经说过，在他未成名时，当他提出某个新思想时，别人总会说'Can't do'（做不成），而对此最好的回答是'Do it yourself'（你自己动手做）。所以我从 1976 到 1993 这 18 年中几乎放弃了所有的节假日，每天上午、下午、晚上三段工作。我深深体会到，献身于科学技术就没有权利再像普通人那样活法，必然会失掉常人所能享受到的不少乐趣，但也会得到常人享受不到的很多乐趣。在攻克一个个技术难关的过程中，有时冥思苦想，几周睡不好觉，忽然一天半夜灵机一动，想出绝招，使问题迎刃而解，这种愉快和享受是难以形容的。居里夫人说过，'科学的探讨研究，其本身就会有至美，其本身给人的愉快就是酬报。'获奖固然高兴，但更使人激动的是看到用户在大规模地使用方正系统……自己研究的成果被广泛采用，这种成就感是金钱所买不来的，这就是最大的酬报。"

为编辑《非常道：1840—1999的中国话语》一书，余世存花了四五年时间，读了上千本传记，抄了几千张卡片。他对《新京报》记者刘晋锋说："我还记得，无数个夏日，屋子像蒸笼一样，我整天整天地读书、抄录卡片，汗流浃背，常常为一段故事激动得站起来在屋子里转圈，又或者为一句话停顿下来流眼泪。"

经济学者张维迎经常因为自己的学术观点，触犯众怒，引来攻击和谩骂。《南方人物周刊》记者徐琳玲问张维迎："你觉得自己委屈么，会等着听别人道歉的一天么？"张维迎答："我没受委屈，根本不需要道歉。为什么？因为没对我造成伤害。真的，我说的不是场面话。思想这个东西，没有委屈之说。但我希望这个社会能够文明一点。"

徐琳玲又问："能忍受这种孤独？"张维迎答："其实，我不觉得孤独，最大的孤独是没人理你。人家批评你那怎么叫孤独啊？因为受到批评，你再写东西，看的人就会多。这就是回报。"

张维迎说，他要像庄子那样，"举世而誉之而不加劝，举世而非之而不加沮"。

张维迎来自于陕北农村，1978年考取西北大学政治经济学专业，从此踏上了经济学研究之路。他说，尽管我是从农村出来的，我的那种吃苦耐劳精神跟农村的好多人比，还是差多了。事实上，我在上大学那几年并没有想到我会成为一个经济学家。作为从农村出来的人，我想最大的一个抱负就是，能够出来，不当农民。农村的生活是很苦的，像我们家，父母对我寄托着希望。我父母一个字也不识，连自己的名字也不会写，我父亲就感觉不读书痛苦太多。所以，我们家就是再穷，父亲也要让我读书。我上小学、上中学每年开学之前，我父亲头天晚上都是十一二点才回来，为什么？因为他出去借钱，借报名费、借书费……但是他说，我们家再穷，也一定要把你供出去。

许多人都说杨丽萍搞舞蹈很勤奋、很苦，可她自己却说："我从来没有这个感觉，因为舞蹈是我的一部分，是我的天然的兴趣，并不是觉得我多辛苦，付出才有收获。就像我去拍戏也是，虽然是很苦，但是我没有觉得它苦，我只是觉得，有责任去承受这种东西，因为生活的过程，生命的过程就是来解决所有的问题，所有的难。我比较喜欢对事情处之泰然，并包容所有的事物包括欢乐和痛苦，这是我母亲教我的。"

在 2007 年出版的《走到人生边上》一书中，时年 96 岁的杨绛写道：孟子说："故天将降大任于斯人也，必先苦其心志，劳其筋骨，饿其体肤，空乏其身，行拂乱其所为，所以动心忍性，增益其所不能。"（《孟子·告子》）就是说，如要锻炼一个能做大事的人，必定要叫他吃苦受累，百不称心，才能养成坚忍的性格。一个人经过不同程度的锻炼，就获得不同程度的修养，不同程度的效益。好比香料，捣得愈碎，磨得愈细，香得愈浓烈。这是我们从人生经验中看到的实情。谚语："十磨九难出好人"；"人在世上炼，刀在石上磨"；"千锤成利器，百炼变纯钢"；"不受苦中苦，难为人上人"，都说明以上的道理。

导演张艺谋说，人的潜力是无限的，一个人就像橡皮筋一样，须不断地拉，在这个过程中挑战自己的极限，不断扩展自己的能力。

晚年的茅于轼针对社会热点问题说了很多话，褒贬不一，有时甚至是谩骂与诅咒。对此，他心里很坦然："我觉得大家还是没搞懂，搞懂的话，就会理解我了。确实，很多人认为我这么大年纪了，被大家骂会受不了。我就告诉他们，放心，我这一生是千锤百炼过来的，挨过打、挨过骂、受过侮辱，现在这些骂声太小事一桩了。"

1998 年后，靠主编《财经》杂志在中国传媒界风生水起的胡舒立，向人谈起 1993 年刚到《中华工商时报》从事经济报道时的窘况："当时要谈金融改革，我想做一个金融改革的系列报道，第一个就找吴敬琏谈。我觉得吴敬琏不是个很好采访的人，他特别要求你要能理解他的意思，就是说他不是那种滔滔不绝的人，他一定要对手也能够讲出东西来，而我当时水平很低，什么都不懂。谈完后，据说吴敬琏跟人家讲，哎呀，她怎么不懂经济呀，很遗憾的样子。但是当时他给我指定了一批书，他看到你不懂，他不愿意跟你讲那么多 ABC。一个人智力的激发是需要有对手的，他其实已经很耐心了。当时是 1993 年夏天吧。他说你要看我写的文章，看哪些哪些东西，然后他就到烟台去出差，或者是去休假什么的。于是我就看书，看完后再重新听录音，听他讲的话，想每句话上下文指的是什么意思。我每次采访都保存录音就是起这个作用，怕当时不见得完全能懂。我最后才把稿子整理好后抄送给他。他说，悟性还行。"

　　据满妹回忆，父亲胡耀邦 1987 年年初辞职之后，除了读书思考，总是长久地沉默着，独对晨曦和落日。"通过父亲坚定的沉默，我才深深地体会到，政治家常常是孤独的，有时甚至是很痛苦的。他不能向人们说明事实，也无法向自己的亲人倾诉。他必须用纪律和意志关闭自己的心扉，有时甚至不得不把自己整个封闭起来。"满妹说。

　　战略学者张文木说，真做学问，要每天爬格子，写文章；写好文章要看大量的书。现在一些学人下不得这等沉下来的功夫，于是只有靠不停在面上"运动"来显示其存在。平时没有像样的文章，只有不停地上镜、开会，在杂志上登照片。说是名教授，但没业绩其实就是空的。钱钟书《围城》中描写的一些文人作秀态，现在仍有人痴心不变。人在四十之前，为了生存，弄个职称，这样想也可以理解。但人奔五十了，该知天命。天命是什么呢，就是好好做事，本分作人。你的名字是和你的事业联系在一起的，不是与你名片联系在一起的。作人作事必须踏踏实实。

　　在考古学者贾兰坡看来，做学问是苦乐相间的事，就像爬山坡一样，只要再不往前爬就一定会滚下来。"无论如何，你不要泄气，这是最要紧的一件事。要想干你就干一辈子，无论干什么，都可以干出成绩来。"他说。

贾兰坡的家人说，他的生活就是吃饭、睡觉、看书三部曲，别的什么都不会。

1985 年，作家陈忠实开始着手准备自己的第一部长篇小说《白鹿原》，"我心里头已经开始构思那几个主要人物的形象，我所表述、刻画的那些人物形象，他们的精神历程，他们的生活细节，我以为我所感受到的、意识到的一切在别人写那个时代的文学作品里头是没有的。这是一个作家最基本的自信。你可以不重复任何人，而有自己独立的生活的发现，写这样的作品时的情绪是最好的。"

"我当时的心理压力也很大，因为我喜欢文学，搞了大半生文学创作，尤其到创作《白鹿原》的时候，我已经 45 岁，按我的计算这部书完成的时候我就接近 50 岁了，就进入了一个老年人的年龄了。如果这部书再失败，我就觉得这大半生整个的文学追求，到自己甚至某一天身体突然发生灾变，到死的时候，没有自己能够满意的一部书去做枕头……这纯粹是一种自我心理上设置的压力。到这部书完成以后，又害怕出版社不能接受这部书，包括担心不能出版或者出版以后文学评论界包括读者甚至不认可这种作品。"

"我当时就给我老婆交代了一句：'咱们就不写小说了，我就给咱们去办养鸡场。'因为像我这种能写写发发一些中短篇小说、甚至也得过一些全国奖的作者的作品，读者也没有几个人能读的，一本书发行几千册，有几个人读呀。这种作家当起来太没劲了，而且经济上又很贫穷。我说，咱们把文学纯粹当个爱好，然后咱们去办养鸡场，给社会增加一点财富，可能比我写那些读者不爱读的那些文字更有价值。"

陈忠实回忆：我考上初中的时候是 1955 年。1955 年的冬天，我们这个村子已经完成了农村初级合作化，土地归公，农民可支配的粮食就少了，我的家庭就发生了很大的变化。过去我们家经营的那些土地，尽管细粮很少，粗粮却吃不完，所以我交不上学费的时候，父亲就扛上一袋子粮食，到街上去卖一些包谷黑豆，换一些钱回来，交学费。

1955年的粮食产量不高，可销售的部分就相当少。为了供哥哥和我念书，家里主要的经济来源就是卖树。我们家有一些河滩地，河滩地边上的灌渠种植的是白杨树，白杨树长得很快，先卖大树再卖小树，最后连能做椽子的树都全部砍伐卖光，卖光以后，把树根掏出来，砍成劈柴再卖。我父亲卖树卖粮供孩子上学的这件事在那个时候，在我们周围的村庄大家都知道，人们态度暧昧，也可能是一种赞赏，也可能是一种讥笑。因为这是一个看不到底的投资，但我父亲很坚定。

直到1955年，我上初中的第一个学期回来，过罢春节我父亲跟我讲，让我休学一年。他好像是经过了好长时间的考虑，我没有任何意见，同意休学。因为休学不是失学，只是晚上一年。他的计划是让我哥毕业以后考上师范学校，减轻一个负担，然后再让我接着上学。他的理由是家里的情况只能勉强供给一个孩子上学了。

其实，他是没有必要给我理由的，因为每次开口向父亲要哪怕是一块钱的学杂费，父亲脸上那种痛苦的表情，我都刻骨铭心。

在高考落榜后那段心情不好的时间里，我曾经流露过这样的情绪：如果当年不休学一年，我一定会考上大学。父亲从来没有辩解，直到他临终的时候，才主动对我又提起这件事，他当时的痛苦无以名状。我没有想到，我早把这件事都不当一回事的时候，父亲还记着这件事。我永远不愿意再提起当时的情景。

我不喜欢诉苦，这跟我父亲的影响很有关系。前不久，有人让我把一生中最深的感受凝结成一句话，我忽然就想到了我的父亲。我说的是：不断地增强承受苦难的心理能力，做自己的事。

长久以来，作家冯骥才一直致力于物质与非物质文化遗产的保护，但是收效甚微。"精卫填海，最后是吐血而死，但它的身上能够体现一种精神。我天生是为思想和精神而活着的！早些时期的作家有很强的社会责任感，铁肩担道义啊！我是文化人，当文化遭劫难时，必须站出来！"他解释。

对于自己从事的这项工作，冯骥才坦承自己"也悲观，只是不甘心，挣扎而已"。

周汝昌从青年时双耳就逐渐失聪，左眼因视网膜脱落 1975 年就已失明，右眼则需靠两个高倍放大镜重叠一起方能看书写字，即便如此，他依然孜孜不倦地从事《红楼梦》的研究，著述不断。

2002 年，周汝昌曾对采访他的记者说过这样一段话："我虽然 84 岁了，经历了大悲、大喜，但我很留恋人间事。像我这样的人积累一点东西不容易，我现在写作的精力非常旺盛，几乎每天写几千字的文章，我女儿简直打不过来。我现在靠半只眼睛拼命干，就是因为我还有没做完的工作，我积累了几十年，不就是要把成果留给后人吗？"

作家叶永烈写出了超过 2000 万字的作品，他说这是缘于他的"拼命三郎"脾气："从事专业创作之后，30 年来我过着'5＋2'、'白加黑'的生活。所谓'5＋2'，即除了每周 5 个工作日之外，周六、周日我也都在写作。所谓'白加黑'，即白天加夜晚。我习惯于早上 6:30 起床，开始工作。在晚上，除了看电视新闻之外，我差不多都在写作中度过。一年到头，我除了出差、采访、旅游之外，'全天候'写作。"

在《我与中国民俗学》一文中，钟敬文写道："我从事民俗学的研究工作，已经七十多年了。虽然所经历的每个时期，都会有一些进步，但一下子达到豁然贯通境地的事情是没有的。学问、思想的进步，主要要凭不断地积累，而不是'弹指楼台'。我现在所悟到的一些道理，是'水到渠成'的结果，并不是一蹴而就的。"

1988 年，李银河从美国匹兹堡大学毕业并获得博士学位之后，就径直回国了。"在我从美国回来之后，我才感到自己开始了真正意义上的工作（创造）。在此之前，我一直在准备。小学，中学，大学，研究生，我一直在修炼。我的一生一直到 1988 年，也就是我 36 岁时，一直在准备。就像一头牛，一直在吃草。现在到了产出牛奶的时候了。36 岁，真是够晚的了。当然，这里面有许多不以我的意志为转移的因素。比如从 17 岁到 22 岁，我一直在做体力劳动。虽然我也在一天天极度疲劳的体力劳动之后，尽我所能看书，看马克思的书，看鲁迅的书，看当时硕果仅存的《艳阳天》一类的'文学'书，但是我的生命曾耗费在成年累月的纯粹的体力劳动上。我们当时没有选择的余地，没有凭自己的爱好和能力安排自己生活的自由。"她说。

导演陈凯歌说，拍一部电影，要跟演员一块做多少功课，每天要拍的东西做多少次修改，不眠不休。好多人都批评我，犯不上，没必要，身体第一，干吗那么认真？改不了了，成毛病了，这晚上，明天要拍的戏，我心里要不踏实我睡不了，我非得把它弄到我自己觉得可信了，我自己首先信服了，我才能睡。老法子，笨法子，没有什么诀窍，所以做艺术的人，想拍电影的人，我觉得没有第二条路可走，就是先得苦自己。苦自己，让自己满了意，你才有可能对得起观众。

在库恩所著《他改变了中国：江泽民传》一书中，提到了江的一句感叹：高处不胜寒。

在宋史学者邓广铭最后的日子里，不曾有一刻停止对于学术事业的追求，医生曾经既钦敬又心痛地抱怨说："他插着管子还看书！来了人，还跟人谈学问！"听到前来看望的阎步克教授称赞他"精神挺好"，他回答说："人是要有点精神的。没有精神，人活着就没有意义了。"

88岁时的画家黄永玉回忆，在"文革"中，"我没有参加任何一个集团，谁都可以欺负你，敲你两下，踢你两脚，没关系。回家，看书，用功，加强自己。"

与之相对的是作家老舍。"他那碗汤天天调得非常妙，忽然多加了点盐他就受不了了，再多加一调羹盐，他就死了。"

"我是个受尽斯巴达式的精神上折磨和锻炼的人，并非纯真，只是经得起打熬而已。剖开胸腔，创伤无数。"黄永玉说。

　　1979 年，年轻的林毅夫因为坚信中国最终的出路在大陆这一边，于是抛妻离子，只身从台湾偷渡到大陆。他说，当时台湾和大陆最大的不同是生活水平的差距，但他在生活上要求挺低的，吃的很简单，穿的很简单，用的也很简单，所以适应不是很大的问题。

　　1980 年，林毅夫给在日本东京的表兄李建兴的长信中写道：临别之际，未及问你将来在东京的地址，因此上封信仅以姑且试之的心情投寄，真没想到竟能接到你的回音。转眼离家已近一载，虽说男儿志在四方，不能眷念儿女私情，而忘却肩上的责任；但是思乡之情却是随着日月的增长而加深。捧读来信之际，真让我深深地体会到了"家书抵万金"之心情。

　　回国以后，原想尽速给家里捎个消息，但顾及亲友的安全，故不敢莽撞从事。我的回国对台湾当局来说，当然是一件很难堪的事情，而我在台的知名度，更给了大陆一个很好的宣传机会。但为了在台亲友的安全，经我的要求，组织终于同意，只要台湾当局不对我的家属和亲友采取迫害行动，这边也就不以我的回国做文章。

目前我的生活除了偶感单调寂寞外，一切都令人非常满意。上次在佳佳餐厅，我原有意将云英、小龙、小麟托你照顾，而如今你也已经离开台湾。云英一个女子要抚养两个孩子，其艰辛可想而知。小龙已经3岁，正是最需要父亲的时候，但却只能和他母亲相依为命。小麟出生，连跟父亲见面的机会都没有。我母多病，我未能尽人子应有之孝道，对于他们我实在有说不尽的抱歉，但望团圆之日早日来临。

对云英请代我多鼓励她。也请你转告大哥大嫂，要他们对家庭多负点责任，将来我会十倍、百倍奉还。云英的生日是2月16日，我母亲是农历五月份生的，我父亲是农历八月初七生，小麟应是阳历8月5日左右生的吧？小龙则是12月12日生日，这些日子若方便，请代我向他们送些礼物，我和云英之间有个小名叫方方，在礼物上写上这个名字，她就会了解的。

目前我唯一能联系的亲人就是你，但是你也应该特别小心，不要给国民党当局抓到任何把柄，免得惹来一身麻烦。消息最好采用口传，以免留下痕迹。现在你大概忙着准备4月份的考试吧！等考完试再进一步联系。请代我向建成兄嫂问好。

110

2008年，林毅夫离开北京大学，前往世界银行就任首席经济学家兼负责发展经济学的高级副行长。有机会在世界银行工作，有机会借鉴中国的发展经验，去帮助世界上更多的发展中国家，是林毅夫的骄傲，也是国人的骄傲。杨澜采访的时候问他："你现在取得的种种成就是否达到了当年你父亲对你的期许？"一直侃侃而谈的林毅夫，突然沉默了，眼眶慢慢红了，继而泪流满面，哽咽无语。杨澜说，看得出林毅夫一直在努力控制自己的情绪，但是泪水就是不听话地扑簌簌地落下来。当年林毅夫偷渡来大陆，在台湾一直戴着"叛逃"的罪名，所以直到父亲临终，他都未能回台湾一次。

在2010年北京大学国家发展研究院毕业典礼上，巫和懋代表院方发言：我中学毕业时，我台中一中的校长告诉我两句孔子的话："无欲速，无见小利；欲速则不达，见小利则大事不成。"我当时并没怎么放在心上，但经过这么多年以后，越来越感觉到它的深刻道理，我今天也说说自己的感受。

我是在台湾长大的，出国读书取得博士学位后，在美国教书十年，到四十岁的时候学术文章发表的不少，成了终身制教授，有个大房子，还有草地，太太小孩生活很美满。但是，我每个礼拜天要割草，否则邻居会骂人，其实我并不喜欢割草。有个星期天，我一边割草一边想："我年轻的时候，怎么会想到有一天我会在美国的这个什么地方的郊区割草？这样的日子合乎我年少的梦想吗？"我越想越不是味道，觉得我的心不属于这个异乡，就开始一步一步地说服我的太太还有小孩，放弃美国的工作，开始人生的一大转折，回到台湾。当时在我要离开美国的时候，很多朋友都说我傻，但是今天想起来，我觉得我并不傻！

　　回到台湾后，我在台大教书，也担任台湾最大一所经济智库的副院长，定期向台湾领导人汇报经济形势，学生中也有很多大企业家，太太和孩子们也很好，生活又相当美满。但是，我常常走在台北街头，看到本土色彩集团的游行，看到各种政治的纷争，我一边走一边想："我年轻的时候，怎么会想到有一天看到台湾会如此自我封闭？这样的日子合乎我年少的梦想吗？"我越想越不是味道，觉得自己的心，还是属于一个更广阔的中国，就开始来南开大学、清华大学、北京大学光华管理学院客座，来回奔波。直到五年前的冬天，林毅夫老师大概看透了我的心，在晚上十点钟打电话来，邀我到北大中国经济研究中心全职任教。林老师也不是善于言辞的人，我们谈了十五分钟，我几乎就答应了。我说，我还要问问我太太。幸好，我太太深明大义，所以我的人生又做了一次大转折，我来到了朗润园。当时在我要离开台湾的时候，很多朋友都说我傻，但是今天想起来，我觉得我并不傻！

　　我没有因为一时小利，而阻碍了我人生的重大决策。

　　美国诗人 Robert Frost 有一首很有名的诗，大家可能都知道："黄色的树林里有两条叉路／可惜我不能两条都走……／多年多年以后某个时刻／我将叹息并述说往事／在布满落叶的两条小径间／我选择了人迹较少的一条路／这就造成后来我截然不同的人生。"

　　我读这首诗很感动。诗人为何叹息？人生有无限的可能，但是你必须做出选择，选择你心中的向往。

1982 年，时年 29 岁的习近平从北京下去，担任河北省正定县委副书记，后来他在接受《中华儿女》记者采访时，这样回忆自己的这段经历：我是从中央军委办公厅下放到河北正定县的。当时，确实有许多人对我的选择不理解。因为我在到河北之前是给耿飚同志当秘书，他当时是国防部部长，又是政治局委员。他说，想下基层可以到野战部队去，不必非要去地方下基层。那时候从北京下去的人，实际上就是刘源和我。他是北师大毕业，要下去。我是在中央机关工作了几年，我也要下去，我们俩是不谋而合。刘源当时去了河南。走之前也参加了好几个聚会，当时在我们这一批人中，有一种从红土地、黑土地、黄土地、绿草原上终于回来了的感觉，有些人认为"文革"吃够了苦头，现在不能再亏了；还有一些人存在着要求"补偿"的心理，寻求及时行乐。古时候"十年寒窗，一举成名"，中个进士，谋个外放，千里万里他都去。像古时写"三言"的那个冯梦龙，到福建寿宁任知县时都快 50 岁了。那时候怎么去的寿宁？万重山啊，我们现在还不如古时候的士大夫。更可怜的是，我们的活动范围半径不过 50 公里，离不开北京，不愿意出去把北京的户口丢了。

　　我说，我们要出来。当年老一辈出去，是慷慨激昂；我们在"文革"中"上山下乡"，是迫不得已，但在这种不得已里头，使我们学到、体会到了很多的东西。现在一切都好了，那些禁锢我们的"左"的东西都解除了，我们更要去奋斗、努力，好好干一番事业。古人郑板桥有首咏竹石的名诗："咬定青山不放松，立根原在破岩中；千磨万击还坚劲，任尔东西南北风。"我想将之改几个字，作为我"上山下乡"的最深刻体会：深入基层不放松，立根原在群众中；千磨万击还坚劲，任尔东西南北风。基层离群众最近，最能磨炼人。所以，我对再下基层是充满信心的，就义无反顾地下去了。

这个时代的人

　　台湾戏剧导演赖声川面对年轻人，讲述自己的成长经历：我那个时代是一个充满理想的时代，于是我变成非常理想化的年轻人，这样子的年轻人在今天的时代里可能是格格不入，我那个时代我真的没有管那么多，想要未来拿多少工资，或者是我能够怎么样去赚多少钱，这些都不在我脑子里。我结婚的状态就是现在所谓的裸婚，没有房子，没有车子。金钱上的未来是完全看不到的，但是心中有一种信心，就是我怎么可能会养不活我的家人呢？我就是有这么一个简单的想法，不要去担心那么多，先把自己想做的事情做了。透过一种理想化，走到今天，我今天还是一样，还是很理想化。

今天的 80、90 后，我觉得你们可惜没有生在那样的时代，你们今天的时代的理想可能是比较物质的。但是我经常在思考，物质有没有真正给人快乐。我们活在世界上的终极目标是什么，我想是在寻找某一种幸福或快乐吧，我想大家应该不会否定这一点吧。每一个时代对快乐的定义是不同的，我们这个时代我觉得很可惜，快乐的定义就是有一个什么房子，有一个什么车子，有一个什么样的皮包，上面写一个什么字、什么样的牌子。对不起，我的成长过程中，我觉得那是很虚的，我觉得那个牌子我可以划掉，可以换个字。一个人要靠包包上的牌子来定义他是谁，我觉得是蛮悲哀的一件事。

清华大学教授何兆武说，一个学校的生命或一种学术的生命，如果是靠大吹大擂，终究只能是过眼云烟。"尔曹身与名俱灭，不废江河万古流"。只消看一下有多少令人眼花缭乱的明星曾经活跃在大舞台之上，然而转眼之间就被人们忘得一干二净了，就可以看出此中消息。

伟大的学术与学风不可能是靠媒体炒作吹捧出来的，也不是靠金钱、物质刺激或关系学所培养出来的，而是要靠有一批先进思想者凭自己的劳动所创造出来的。时代创造人，人也在创造时代。同时反过来，时代可以束缚人，但人也可以改造时代，其间关键在于谁能领导时代的潮流。

1988 年，万科进行股份化改造，一手创办了万科的王石声明，我放弃分到我名下的股权。王石解释：第一，我觉得这是我自信心的表示，我不用控股这个公司，我仍然有能力管理好它。第二，在中国社会当中，尤其在 80 年代，突然很有钱，是很危险的。中国传统文化来讲，不患寡，患不均，大家都可以穷，但是不能突然你很有钱。所以在名和利上，你只能选一个——你要想出名，你就不要得利；你要想得利，你就不要出名。我的本事不大，我只能选一头，我就选择了名，放弃了财富。

在 2009 年出版的五卷本《张曙光文选》的自序中，有这样一段话：
在我出道以后，曾经有好几个中央部委的研究单位请我去当官，拟任命我做研究院院长、研究所所长之类，并承诺解决诸如住房之类的实际问题。由于长期住在三里河名为两室实则一室一厅的住房内，架床叠桌，女儿从学校回家只能打地铺，唯一的希望是能有一张四条腿的床，夫人希望能够有一个朝阳的房子，朋友也劝我能够满足一下夫人的愿望。这些都是正当的要求和愿望，入情入理，毫不过分。但考虑到自己生性耿直，崇尚"独立意志，自由精神"，不愿趋炎附势，曲意逢迎，既不愿当官，也当不了官，同时深知到各个部门以后，就得围绕着领导转，用自己的笔去表达别人的思想，写文件，写讲话稿，没有了能够自由自主做学问的条件和环境，因而执意不去。甚至对夫人说，"你要是想让我少活几年，咱们就去当官。"因此，夫人批评我自私自利，我也无言以对，在这件事情上也许如此，我也是常人，并不那么高尚。到现在，在房子问题上，夫人的心愿仍未实现。这也是我非常歉疚的事情。

经济学者吴敬琏有两个女儿，一个名曰吴晓兰，一个名曰吴晓莲。有一次，吴敬琏特意为归国探亲的吴晓兰买了中国的电话卡，女儿征询如何使用时，他却浑然不知，还振振有词地说："如果我把时间都花在这些琐事上，怎么会有精力想那些重要的事情。"在吴晓莲看来，吴敬琏性格中最大的三个特点是：求知欲强，认真和执著，是一个不折不扣的理想主义者。他活得很纯粹，所有的精力都放在他所钟爱的经济学上，以至于对人情世故都不甚在意。

联想集团创办人柳传志有一个"画外看画"的说法："看画，退到更远的距离，才能看得清楚。画油画的时候，离得很近，黑和白是什么意思都分不清楚；退得远点，能明白黑是为了衬托白；再远点，才能知道整个画的意思。""打这个比喻是为了时时提醒我们牢牢记住目标，不至于做着做着就做糊涂了，不至于游离目标之外。提醒我们不停地问自己，办联想到底是为了什么？"

万通董事长冯仑引用柳传志讲过的话：在早期公司内部人事矛盾激烈的时期，我就采取一个办法，让所有人车坐得更好，房子住得比我还大，钱多多地发。我全都给你了，那我剩下什么？我就剩下领导的权力，我就可以领导你！

柳传志为什么这样呢？冯仑解释，他追求他的信念，他极其执著的基因就是要做成他自己的梦想，就是要把联想办成中国最好的企业，把中间该甩掉的都甩掉。得到更好的车更大的房子的人，也就是得到车得到房子，仅此而已，最后失去了伟大的机会。柳传志不争小利争前途，不争局部争全局，不争现在争未来。当一个人拥有未来，拥有整体，拥有管理领导的权力，就一定有一个伟大的未来在他手中。所以你要做一个组织的领导者，你争的一定是大家不争的。

"不争是最大的争"，这样的事在冯仑身上也发生过。他在一次演讲中，回忆和创业伙伴王功权分手时的情景："王功权离开公司时，我们在亚运村一家酒店里进行交割，我给他支票，他在协议上签完字，我说：大哥，我现在就剩下理想，啥也没有了，钱全在你这儿，我就剩下一个公司、一堆事，还有负债。功权说，那咱俩换一下？我说，我还是想要理想。这个算账方法很有意思，所以直到今天，我们原来的几个合伙人在钱上都没怎么吵过架，这也跟理想有关。人生就是这样，当你坚持理想，有一个很大的目标时，你对钱的事情是可以淡定的：第一，你会站在合规合法的一边，不会运作赃款、黑钱；第二，你跟人谈判的余地很大。"

陈虻是中国电视纪录片事业的探索者和推动者，他开创的中央电视台《东方时空》的子栏目《生活空间》，通过"讲述老百姓自己的故事"，为后人留下了一部"小人物的历史"。他喜欢的一句话，被同事和朋友们反复转述和引用："不要因为走得太远，忘了我们为什么出发。"

2010年11月6日，中央电视台主持人白岩松在深圳图书馆报告厅，发表了题为《世界、中国和我们自己》的演讲，当中说道：我们怎么了？我们到底要什么？我们出发的时候，就是为了去人民币里找信仰吗？去权力里找信仰吗？不是，我们是为了幸福出发的，我们是为了让自己开心，为了让自己的人生有价值，为了让自己的人生获得那些没法用数字衡量的东西，包括尊严等而出发的。但是为什么走着走着就走偏了呢？我发现现在很多的中国人只计算得到，不计算因得到而失去的东西，这是非常麻烦的事情，有些东西值吗？所以在计算得的时候，计算一下失，有时候舍就是得。

白岩松经常被别人要求合影，他不好拒绝，但往往加上一句话："千万自己留着用。"

他解释：这并不是废话，十多年里，时常有人拿着与我的合影，说我是他的弟子，是他的客户，是他的铁哥们儿，是他产品的使用者，应该大多数都是假的。

44岁的白岩松跟旁人开玩笑："现在，人吃饱了，两件事提前了，头发白和眼睛花。"2012年，他在接受《人物》杂志采访时说，他觉得最重要的敌人是时间，来不及，太多的事要做。往小了说，每天的节目直播、去台里开各种会、看书。往大了说，民主民生、新闻自由、安全阀、心灵改革，用多少时间能实现？在你80岁的时候，还是60岁的时候，是不一样的。所以你真正的敌人，永远是时间。

《中国经济时报》记者王克勤长期做调查性报道，被人们称为"揭黑记者"。2008年他在一次访谈中说："2001年下半年的有一天，那时候我还没有被开除公职，好多小孩到我家里来玩，我边在电脑上敲字，边听见我儿子对小朋友讲，我的家庭是一个正直的家庭。我听到这一句话时觉得我没有白干。现在，我的户口还没有到北京，又没有经济能力支付孩子在北京接受教育，一学年的捐助费要五到八万元，孩子还是初中生，快要离开北京的时候跟我讲，这么多人太可怜了，你去管一管吧。我们一家生活都很清贫，对物质生活的欲望很低，这是跟很多家庭有区别的。如果我娶一个小资情调的老婆，我早就干不成了，或者就得离婚。"

中国农业大学教授袁若飞教育学生：不能花花肠子，也不能"花花脑子"，什么研究都搞一点，结果就是什么都不精。

北京大学中文系教授钱理群是王瑶的弟子，他说自己印象最深的就是先生的三次教诲、三个师训：

第一次找我谈话，第一个师训就是"不要急于发表文章"。他说："我知道，你已经 39 岁了，年纪很大了，你急于想在学术界出来，我很能理解你的心情。但是，我劝你要沉住气，我们北大有个传统，叫作'后发制人'。有的学者很年轻，很快就写出文章来，一举成名，但缺乏后劲，起点也就是终点，这是不足效法的。北大的传统是强调厚积薄发，你别着急，沉沉稳稳地做学问，好好地下功夫，慢慢地出来，但一旦出来就一发不可收拾，有源源不断的后劲，这才是真本事。"

又有一次闲聊天，王先生突然对我说："我跟你算一笔账，你说人的一天有几个小时？"当时我就懵了：老师怎么问我这样一道题？只得随口回答说："24 个小时。"先生接着说："记住啊，你一天只有 24 个小时。你怎么支配这 24 个小时，是个大问题。你这方面花时间多了，一定意味着另一方面花时间就少了，有所得就必定有所失，不可能样样求全。"

在我研究生毕业留校以后，王先生又找我谈了一次话，他说："你现在留校了，处于一个非常有利的地位，因为你在北大，这样，你的机会就非常多，但另一方面诱惑也非常多。这个时候，你的头脑要清醒，要能抵挡住诱惑。很多人会约你写稿，要你做这样那样的有种种好处的事，你自己得想清楚，哪些文章你可以写，哪些文章你不可以写，哪些事可以做，哪些事不可以做。你要心里有数，你主要追求什么东西，之后牢牢把握住，利用你的有利条件尽量做好，发挥充分，其他事情要抵挡住，不做或少做。要学会拒绝，不然的话，在各种诱惑面前，你会晕头转向，看起来什么都做了，什么都得了，名声也很大，但最后算总账，你把最主要的、你真正追求的东西丢了，你会发现你实际上是一事无成，那时候就晚了，那才是真正的悲剧。"

钱理群总结道，现在仔细想想，王瑶的三次师训其实都是一个意思，概括地说就是"沉潜"两个字。要沉得住，潜下来，沉潜于历史的深处、学术的深处、生活的深处、生命的深处：这是做学问与做人的大境界。

长期担任编剧工作的沙叶新有一个人生感悟：人离死亡越近离世俗越远。

在《学术集林》第七卷编后记中，时年76岁的王元化慨叹：笔者去年身体不好，小病不断，不是重感冒，就是腰痛发作，加之血脂和胆固醇均不正常，虽服药亦未见下降。尤为麻烦的是三月间得了带状疱疹，痊愈后在神经部位留下了后遗症，迄今已近一年，仍时时作痛，阴天则尤甚。除了这些病痛外，生活上也有无法摆脱的困扰。……前人曾感叹人的一生只有很少时间可以去做自己想做的事。幼小时浑浑噩噩，成年得为谋生奔走，年老后精力衰退，此外还有严寒酷暑之苦，天灾人祸之厄，真正可以用到求知与治学上的时间，简直少得可怜。看起来这似乎是无聊琐事，但无数人的生命就被这些琐碎的生活所吞噬了。这真使人感到悲哀。我们这一代人，只能作为过渡时期的人物。希望在学术上有所成，只有期待于将来。

李书磊是1964年生人，14岁考入北京大学，文学博士。2003年，担任中央党校培训部主任的李书磊，在接受高晓春采访时说："人过了30岁，日子也随着年龄一道急速地奔驰而去，紧迫感是越来越强烈了。我想，人一辈子也就活到80岁吧，我已经过了几乎一半了，而且最后的一段，会衰老到不堪的程度，真正的壮年已经没有几年了。有时候半夜醒来，突然想起这事儿：想要做的事情还没有做，真正的学术构建还没有完成，年轻的时候、20多岁的时候希望的——能写出一两部传世之作，也还离得挺远。我心慌了，这种心慌，这种紧迫感和半生过去事业未成的惶惑，拧在一起，时时缠绕着。"

钱钟书拟用西文写一部类似《管锥编》那样的著作，取名《〈管锥编〉外编》，起意于《管锥编》完成之后。这种想法并非完全没有基础，他生前留下外文笔记178册，34000多页。外文笔记也如他的《容安馆札记》和中文笔记一样，并非全是引文，也包括他经过"反刍"悟出来的心得，写来当能得心应手，不会太难，只有一一查对原著将花费许多精力时间。钱钟书因为没有时间，后来又生病了，这部作品没有写成。

他的夫人杨绛说："钱钟书开的账多，实现的少；这也难怪，回顾他的一生，可由他自己支配的时间实在太少太少，尤其后半生。最后十来年干扰小了，身体又不行了。唉，除了遗憾和惋惜，还能说什么呢？"

杂交水稻专家袁隆平感慨："毛主席说过，人怕出名猪怕壮。我现在是有点小小的名，但是就感到很不自在了。我大学毕业的时候，同学们开玩笑，说我在填表时，应该在爱好一栏填'自由'，在特长一栏填'散漫'。现在我还是喜欢自由自在，最怕兴师动众。太隆重太正式，反而使我感到拘束，当个普通老百姓是最好最自由的。"

他说，人出名后有两大坏处，一是自由度减小，一是个人隐私减小。人们看不到出名的坏处，走到哪里都有人要求签名、照相。

长期潜心于学术研究的香港学者饶宗颐，说自己就像一个敲了一辈子钟的和尚，敲了半个多世纪后，才逐渐地有了一些回响。看到自己身边越来越热闹，他的感觉是"亦喜亦惧"："'喜'的是有人捧我的场，'惧'的是怕我自己的时间也要应付出去很多，我是希望在冷里头慢慢地培养出社会的回应来的。因为冷清了我，就有时间了，热闹了这个时间就是别人的了。"

饶宗颐专注学问，没有经济观念，女儿饶清芬说："他认为中国文化最重要的就是这'德'字，比学问还重要，至于金钱，他完全无求。"

中国社会科学院研究员张卓元指出，目前社会上常流传"一边没有板凳坐，一边板凳没人坐"的说法，这样的局面是社会发展过程中不可避免的，也是不应该完全否定的。由于利益驱动，人们更倾向于追求眼前的个人得失，因此，写着名、利二字的那些"板凳"自然非常抢手。而做学问，很难在短期内看到效益，还要忍受寂寞，不断抵御外界诱惑，坚持自己的理想与价值观。即便如此，也可能一辈子默默无闻，因此，非常不易。这样的"板凳"当然会"冷"。

尽管如此，我们还是应该看到，无论什么时代，总会有那么一批人能够坚持下来。要知道，真正坐"冷板凳"的人潜心做学问，时间比金子还宝贵，怎么会那么热衷于出名、奔走于名利场？学界浮躁之风虽然存在，但主要可能还是体现于活跃在各种媒体、论坛上的一些人中。年轻一代里，还是有人在扎扎实实做学问，而且青出于蓝，相信在各领域中，新的泰斗会不断涌现。

对于做学问来讲，最重要的应该是兴趣，其次才是天赋。仅有天赋，没有兴趣，对知识没有渴求和好奇，很难静下心来钻研。兴趣恰恰是"坐下来"并且"坐住"的关键。

作家张炜经常强调"安静的力量"，认为真正优秀的人往往都在安静的角落。因为这些人太安静，并不被充分注意。表象和泡沫是在外部的，我们经常说的一句话是"泡沫下面是水流"。我们有时候会关注泡沫，但不要忘记下面才是水流。在这个浮躁的时代，因为节奏快，没有挖掘和分析的时间，得到肯定和赞赏的，往往是应时的、比较肤浅的写作，深沉有力的精神和艺术之果极少有人看到。13亿人当中何尝没有更多更好的青年作家，但是有的我们还不认识他们，这样下去会耽误事情。

去北京语言大学任教后，作家梁晓声有一次向人谈起自己的过往："写作了这么多年，让我自己感觉到满意的，也不过二三百万字吧。这样会使人有两种心理，一种就是沮丧，写了那么多，自己把它压缩一下，你会觉得20年就这么点成果，还是自己比较满意，不是公认的，而且只是自己'比较'满意。另外还会产生另一种心理，就是时间的珍贵感和紧迫感。在以后的几年，要写得更认真一点，因为以前写作有不能自主的一些情况。比如约稿多呀等外力，时间、精力不够用，出书就会有仓促之作。这些现象在以后的若干年尽量避免吧。"

画家吴冠中劝诫：对报考美术学院的学生，老师和家长应该给他讲明利害，学美术等于殉道，将来的前途、生活都没有保障。如果他学画的冲动就像往草上浇开水都浇不死，这样的人才可以学。

84岁的吴冠中对外人讲："你知道吗？到了我这个年龄，最痛苦的是什么吗？就是身体日渐衰老而思想却还不老，还很年轻。虽然身体不能活动了，但头脑一刻也不曾停下来，还在那里思索问题，因为发生了那么多的事，迫使你不能不思考。这也是我们这一代知识分子的特点。要是身体衰老了，头脑也衰老了，倒好了。"

20世纪90年代，吴冠中被牵涉进《炮打司令部》假画案中。明明是别人伪造出来的拙劣之作，假冒吴冠中的名字卖了52.8万元港币，但官司就是久拖不判，吴冠中被整得不胜其烦，愤而写下万字长文《黄金万两付官司》。最后，官司还是打赢了，但被拖得身心俱疲的吴冠中，内心并无兴奋，反而悲哀有加，"一寸光阴一寸金，75岁晚年的光阴，实在远非黄金可补偿，黄金万两付官司。我低估了人的生命价值！"

北京大学教授季羡林晚年时，被人们冠以"国学大师"、"学界（术）泰斗"、"国宝"等称号，对此他一概拒绝：

"环顾左右，朋友中国学基础胜于自己者，大有人在。在这样的情况下，我竟独占'国学大师'的尊号，岂不折煞老身！"为此，我在这里昭告天下：请从我头顶上把"国学大师"的桂冠摘下来。

"这样的人，滔滔者天下皆是也。但是，现在却偏偏把我'打'成泰斗。我这个泰斗又从哪里讲起呢？"为此，我在这里昭告天下：请从我头顶上把"学界（术）泰斗"的桂冠摘下来。

"是不是因为中国只有一个季羡林，所以他就成为'宝'。但是，中国的赵一钱二孙三李四等等，等等，也都只有一个，难道中国能有13亿'国宝'吗？"为此，我在这里昭告天下：请从我头顶上把"国宝"的桂冠摘下来。

三顶桂冠一摘，还了我一个自由自在身。身上的泡沫洗掉了，露出了真面目，皆大欢喜。

季羡林的学生梁志刚在编辑《此情尤思——季羡林回忆文集》时，前言的初稿中有"国学大师"、"国宝级学者"、"北大惟一终身教授"等字眼，但在正式出版前都删掉了。梁志刚解释，这是因为季老看了不高兴，季老说："真正的大师是王国维、陈寅恪、吴宓，我算什么大师？我生得晚，不能望大师们的项背，不过是个杂家，一个杂牌军而已，不过生的晚些，活的时间长些罢了。是学者，是教授不假，但不要提'惟一的'，文科是惟一的，还有理科呢？现在是惟一的，还有将来呢？我写的那些东西，除了部分在学术上有一定分量，小品、散文不过是小儿科，哪里称得上什么'家'？外人这么说，是因为他们不了解，你们是我的学生，应该是了解的。这不是谦虚，是实事求是。"

季羡林担任过北京大学副校长、全国人大常委等许多个虚实职务，要不时参加这样那样的社会活动，使他颇受困扰："我自己检查，我天生是一个内向的人，我自谓是性情中人。在当今世界上，像我这样的人是不合时宜的。但是，造化小儿仿佛想跟我开玩笑，他让时势硬把我'炒'成了一个社会活动家，甚至国际活动家。每当盛大场合，绅士淑女，峨冠博带，珠光宝气，照射牛斗。我看有一些天才的活动家，周旋其中，左一握手，右一点头，如鱼得水，畅游无碍。我内心真有些羡煞愧煞。我局促在一隅，手足无所措，总默祷苍天，希望盛会早散，还我自由。"

寿登耄耋时的季羡林写道："我本来希望像我的老师陈寅恪先生那样，淡泊以明志，宁静以致远，不求闻达，毕生从事学术研究，又决不是不关心国家大事，决不是不爱国，那不是中国知识分子的传统。然而阴差阳错，我成了现在这样一个人。应景文章不能不写，写序也推脱不掉，'春花秋月何时了，开会知多少'，会也不得不开。事与愿违，尘根难断，自己已垂垂老矣，改弦更张，只有俟诸来生了。"

2004 年 4 月 24 日，北京大学教授张岱年去世，宋定国撰文追忆："张先生一年四季，穿着都非常俭朴，夏天就是那么一身极普通的单衣，而其他三季，外面则总是套着那一身褪色越来越严重的上世纪 60 年代流行的便装，胳膊肘和袖口都磨损得泛出白色或绽开了边，即使在过年时，衣着依然如常。虽不修边幅，却总是干干净净。而书房内的摆设则一直保持老样子。至于谈吐，虽然算不上利索，但朴实得简直能让你感触到那颗赤诚的心的跳动……哦，在同老先生的接触中，我才真正地感触和体察到了什么叫'澹泊'，什么叫'宁静'，什么叫'大智若愚'，什么叫'圣人无己'！"

这个时代的人

王振耀在从民政部辞职，就任北京师范大学壹基金公益研究院院长之前，有过犹豫：如果在体制内待到退休，最实际的考虑，便是优厚的退休待遇和医疗"蓝本儿"。后来他想开了，还是实现自己推动中国社会转型的理想重要，"人家那么多教授退休了就没法活了？我就想，自己怎么连这点待遇都放不下？"

对中国核工业发展做出了重要贡献的何泽慧院士，一直住在北京中关村的一套上世纪五十年代建成的单元房里。一个小小的客厅，不到十五平方米，堆放着许多书籍，还有几张旧沙发。屋内木地板是房子建成那一年铺的，踩了几十年，红漆褪掉，斑驳不堪。近年来组织上多次提出给她调房，都被她婉言谢绝。"从这座楼建起来，我们一家就一直住在这里。这么多年了，她住惯了，不愿意搬家，她对生活上没什么要求"，何泽慧的女儿钱民协说。

有学生回忆何泽慧："何先生一只手表用了30多年，不能戴了，只能平放在桌子上才走，也不去买新的。衣着饮食更是从不讲究。在家里，她经常穿着一件宽大的褪了色的连衣裙。"

北京国民经济研究所所长樊纲给所里定下的原则是，专门做研究，"不为五斗米折腰"，如果不是自己的研究范围，给再多的钱也不做。用他自己的话说，"在我们宏观经济学、发展经济学、体制改革的领域里，我们能做的就做，能有资金支持更好。超过这个领域，我们没有这个专长，不去混，更不去糊弄钱。"

北京大学教授王选在汉字激光照排技术的研究方面做出了突出贡献，他说自己欣赏一句话：一心想得诺贝尔奖的人是得不到诺贝尔奖的。因为要追求名，就需要很多时间精力去搞各种关系，那样就不会有时间去攻克技术上的难关。而事业上的追求是无限的，这种追求所带来的乐趣也是无法形容的。

北京大学教授陈堃銶与王选既是夫妻，又是合作最早、时间最长的同事。

她向人描述自己眼中的王选："他生活中很马虎，很不讲究，是个粗线条的人，与工作中完全是两个样子。社会上流行什么他根本不知道，眼镜、帽子都旧得不成样子，有什么就穿戴什么，从小就是这样的性格，不注意生活细节。直到后来有媒体采访他，要出席一些重要场合的活动，他才不得不打扮一下。有时我问起今天见了什么人，那人穿什么衣服？他只说'没看见'。连跟中央电视台《新闻联播》的主播邢质斌和罗京见面、说话，他都没认出来人家是谁。"

王选寄语青年科技工作者："青年科技工作者正处于创造的高峰期，千万不要学而优则仕！组织上不要给他们过早地压上行政的重担，让他们当院长、所长、校长。所谓的当官，好像是提拔他们、重用他们，实际上剥夺了他们自由的空间，使他们没能在创造的高峰期多做点贡献，这非常糟糕。可以年龄大了再当官，50岁再当，当到60岁。"

"同时，有才华的青年科技工作者自己不要把做官当成一种奋斗目标，甚至也不要把当上院士作为奋斗目标，如果老想着当院士，就不可能全心全意做好事业。要出大的成绩，必须心无旁骛，全身心地投入到他所热爱的科学与技术领域！"

王选说："一个科研工作者如果在电视上出现多了，说明他的学术生涯快结束了。"

王选很欣赏北大学生的一种说法：不要急于满口袋，先要满脑袋，满脑袋的人最终也会满口袋。他谈到："北大有一个博士生，一直埋头学术研究，有一次去赛特购物，看到那里的商品价格昂贵，而自己却囊中羞涩，竟对走过的学术道路产生了怀疑。1985年我家中还只有一台9英寸的黑白电视机，当时我已多次去香港和国外，有一次在香港看到高级商场中一些人在买高档首饰，尽管我当时工资很低，没有奖金，但我忽发奇想：'将来会证明，这些买高档物品的人对人类的贡献可能都不如我王选。'我一下子感到有一种强烈的自豪感，后来我把此称为'精神胜利法'，但这与阿Q完全不同，是对知识价值的高度自信。"

2005 年，战略学者张文木接受陆昕采访时说："30 岁之前人有时还做些两可的事，有时候还要迁就于某些东西。但是人已近天命之年，就明白了这时如果再什么都要，那结果可能就是什么也没有。40 岁起，人生开始冲刺，冲刺的人不能有杂念。不然，过了这个村，就不会再有这个店了。我的躯体就像一条船，能把理想渡到彼岸，这条'船'就可以复归自然。老子说：'少则得，多则惑。'物质利益生不带来，死不带去，惟事业永存。"

铁凝担任河北省作家协会主席的时候，有人问她如何处理事务性工作和写作的关系？她回答，也没什么特别地处理，就是该你做什么工作你还是应该去做吧，而且不能有什么怨言。当然我从心里很羡慕那些一年 365 天全都属于自己的作家，但是在这个位置上，就应该付出，该放下写作的时候就应该放下，去做你责任范围内、你头衔范围内该你负责的事情。

我之所以认为这个责任应该负，这些事情应该做，是因为它还是跟文学有关，基本上我还不是一个行政官员的形象，我做的这些行政的事都是和作家协会的生存以及我的同行在文学上的迫切需要相关的。如果能依靠我现在所谓的影响力，或者通过我尽职尽责地工作，使他们在这方面获益，何尝不是人生宝贵的经历呢？这些过程中也会积累一些不会立竿见影的文学的可能。

就像我们建河北文学馆的时候，要跟很多部门打交道，受到冷落后大家一块儿努力。在当中接触到一些非文学界的人，其实也是一种生活，而且是真实自然的生活。这不是一个作家为了搜集文学素材而去刻意地体验生活，我想这比那种体验来得更真、更有意义。这个意义是缓慢的，不会立竿见影。但我觉得它会对我的人生，对我看人生的眼光有潜移默化的影响，有了这样的思想基础，在处理一些事情上就不会觉得很排斥、很烦躁，而是一种接纳的、平和的、坦然承担的态度。

写有《雪白血红》的军旅作家张正隆，自称是个"低能的人"，除了写字"什么都不会"，"一事无成"。他 2011 年在接受凤凰卫视主持人许戈辉采访时说，"文人就是那么回事，百无一用是书生，拿起笔来毛泽东、蒋介石，管你布什、奥巴马，他都在他的笔下挥洒。但是在生活中像个蚂蚁一样，把你踩死了都不知道，人家都不知道啊。""我的女儿，大学毕业到现在在家都没有工作，我就不会做那种事情。我就是临死的时候我要跟我女儿说，爸爸对不起你，我没有那个能力。"

2008年9月，张正隆的《枪杆子：1949》出版，他在后记中感叹道：每天工作15个小时左右，算是正常的。没到50岁，60岁前的活已经排满了。2005年退休，70岁前的活早满了，而且还在不断加活。人生易老，精力有限，有两条命也有干不完的活。可有的活就像已经成了老伴的当年的那个姑娘，让你怦然心动，一见钟情呀。

有人请吃饭，我说"不会吃饭"。不会喝酒，那饭是不是就有一半不会吃了？有时是不能不去的，人在饭桌前，心在书桌上。连吃带唠加往返，少说也得两个小时，一天不就12个两小时吗？

有时就想，去了谁都得去的那个地方，在墓碑上挂个"请勿打扰"。

其实，我非常喜欢朋友来我家做客，也乐于参加各种聚会，特别是同行、喜欢文学的朋友。在这个熙熙攘攘的世界上，凡属人的欲望我都有，因为我也是个正常人，只是实在耽误不起时间。

2010年，《南方人物周刊》特约撰稿刘天昭问在清华大学任教的刘瑜："你以前提过，想拍电影、导演话剧，死前一定要做的事，列了单子没？"刘瑜回答："估计3年内是没有时间去搞文学了。拍电影、导演话剧是技术活，我是过了那个村了。但写点小说随笔什么的，技术门槛比较低，有时间肯定还会去做。死前要做的事清单太长，已经排到第八辈子了。"

2002年5月，黄钟出版了他的第一本书《游手好闲地思想》，在后记中他解释道：这些年走南闯北，浪迹江湖，身边老是带着书，工作之余，或失业之时，无论是租住在没有暖气的狭小破屋里与呼啸的北风为伴，还是在自家徒有四壁的温暖陋室里与贫穷和书籍相依，总想抽时间看些书，思考离自己很远的问题，写点自己想写的东西。用北京话来说，是"毛病"。本来像我这样一个落魄江湖的流浪汉，当务之急似乎应该是挣钱发财，然后娶妻生子，却偏偏又要时不时地舞文弄墨，而且还满脑子不合时宜的思想，自然就是游手好闲了。

凤凰卫视主持人许戈辉问湖北作家刘醒龙：您说过一个好的作家，一定要有强大的社会担当，要敢于牺牲，敢于放弃，还要耐得住寂寞，那我就想问您在这些年的文学道路上，自己到底牺牲了什么，放弃了什么？

刘醒龙回答："我其实是一个很笨的人，我的信条就是一辈子只能做一件事情，只要把一件事情做好了，这个人可能就是天才。这是按照我的自己的能力所定制的我的一个天才的标准，其实我真的是，我做不了，像我的同学当中，有的曾经是证券大鳄，有的现在做到中国著名大学的校长，我很佩服他们，但我觉得我的能力没办法，我只能写写小说。但我写小说的时候，我是不能做其他的事情的。"

画家张仃说，在美术史上有"大家"、"名家"之分。名家可有不少，大家却不可多得。大家是承先启后的，经得起时间的考验；名家则有机缘性，现在热闹，过一阵子就可能被人们忘记。

杨义是中国社会科学院文学研究所的研究员，他在没有任何经费补助的情况下，花费10年的时间，完成了150万字的《中国现代小说史》。他说："我这个人还是有点自知之明的。比如说，有人希望我做点行政工作，我衡量衡量自己，觉得我的特长还是坐冷板凳，我说我就在这一点上还是有特长的，能坐得住……我总是觉得，人一生中能够干成一两件事就很不容易了，因为人生毕竟是有限的。"

1996年，电影导演贾樟柯的第一部作品《小山回家》获得香港独立短片故事片金奖，那是他平生第一次拿奖。"那个奖给我带来的最大的感受，说句心里话，就是我觉得能跟我妈有个交代了。我妈一直觉得从事电影是一个很虚的工作，她非常担心我，你行不行，这碗饭你吃得了吗？在这个奖之前，我心里也打鼓。"贾樟柯多年后回忆说，"所以那个奖给我之后，我特别兴奋。对家庭是个缓兵之计，我跟我妈说，妈，你看我还行吧，我再往前走几年，你别逼着我工作，逼着我结婚，逼着我生孩子，我再往前走一走。这个奖真有这样一个用途。"

2010 年 3 月 17 日，零点，王利芬在她的博客、微博和开心网上，发布了一条消息："我已辞去央视公职，创办优米网。"

谈起离开工作多年的中央电视台的原因，王利芬解释："我要创业。我已人到中年，时间的紧迫感让我不能再思前想后，优柔寡断。否则我在丧失了热情、体力、创造力和梦想的时候无法对我内心一次次掀动的波澜有个交代，而我又是一个最最不能原谅自己的人。我相信没有一个人会认为我作出这个决定是容易的，但创业的激情和要尝试新的生活的愿望太强烈，所以我义无反顾地这样做了。"

王利芬在中央电视台工作时，曾经说过这样一些话：主持人不是娱乐明星，不要去参加什么乱七八糟的活动，在那里露个脸，做个花瓶有什么意思？你也不是社会活动家，你老老实实扎在你的栏目里，你就是禾苗，栏目就是你的土地。没有了栏目你最后只有枯萎。没有一个团队托着你，你今天在这里蹭个场，明天去那里亮个相，慢慢你的精力就会被掏空了。没有内在东西作支撑，你随时会被人代替。这个世界漂亮的男人漂亮的女人如雨后春笋，一代一代地狂长，你有什么理由自命不凡呢？两年不让你出镜，观众会把你忘得一干二净。

一个优秀的主持人不应该特别在乎自己的形象，也不应该在乎自己所谓的一点点小的瑕疵，最重要的是你用心在跟大家交流，你的激情是不是被调动了，你做的节目本身是不是对社会有价值，这种东西能焕发出内在的人性美。我在国外看到的许多主持人，很多真的是很老，很难看，可就是有智慧，就是有人性的光芒。

谷超豪与妻子胡和生同为中国科学院院士，他们因数学相识相知，走在了一起。2004 年 8 月，在接受中央电视台《大家》栏目采访时，谷超豪这样谈到自己的生活：结婚以后，我们认为生活应力求简朴，住十二平方米的房子，请了一个钟点工，当然那时候没有这个名词，但是实际上就是这样。胡和生总想自己动手弄点好东西给我吃，我觉得这样太花时间了，就提出来说把这个时间挤出来搞学问，生活尽量简化。

我总是想尽量节约时间。比如炒个菜，你当然可以先把碗洗好再去炒菜，然后把炒好的菜盛到碗里面去。但是根据统筹的方法我就先炒菜，在炒菜的时间里去洗碗，洗好碗后把这个菜盛到碗里面，这样洗碗的时间就省出来了。总之，做得好不好不用管，时间要紧。

晚年的茅于轼非常"爱揽事儿"，参与创立北京天则经济研究所，开办富平保姆学校，在山西的贫困村搞小额贷款试验，针对社会热点问题发表评论，毁誉参半。对此，茅于轼给出的解释是："我常常想，如果什么事都不管了，我做什么呢？去旅游吗？这世界上好看好玩的东西多了，看不完更玩不完，追求这个没意思。人生的享受有很多种，成就才是无止境的。能使我们的社会不断前进，是我的心愿，也是最大的享受。"

有人问王蒙对诺贝尔文学奖有什么看法，他回答，我对获奖的看法很简单，我个人认为各种奖项都很好，都能给作家带来物质上的收益、带来荣誉。但奖再好也不是文学。中国有个新飞电器，新飞电器有个广告语叫：新飞广告做得好不如新飞冰箱好。依我看诺贝尔文学奖做得好不如文学好。历史上曾经也有伟大的作家得了奖，相得益彰；也有有影响的作家没得奖，像俄罗斯的作家契诃夫，这与其说是这些作家的遗憾，不如说是诺贝尔文学奖的遗憾，它把这么有影响的作家都忽略了过去。反过来说呢，有些人得奖了，一时红火得不得了，过几天把他给忘了，这只能说他很侥幸，说明他本来就没什么了不起。

在1996年的一次记者采访中，北京大学教授厉以宁讲过这样一段话："经济学家已经成名了，跟成名前是不一样的。成名前他的观点可以经常改变，成名以后就感到一个问题了，当我要改变自己观点的时候，我会怎么样，我的面子到哪儿去了？我从前讲的话人家还听不听？算不算数？难道我把过去的工作全否定了吗？要考虑的问题很多，在各种情况下，自己说服自己同样需要有勇气。"

有人问邓小平为什么不回老家看看，他说"我怕"。邓小平的长女邓林转述："我父亲说，回去这个找你办事，那个也找你办事，太麻烦。"自16岁"少小离家"直至1997年逝世，邓小平一次也没有回过四川广安。

与邓小平类似的，还有周恩来。周恩来1910年离开老家江苏淮安，也是一生都没有回去过。1960年有一次，周恩来说，"我很想回去看看，从12岁离开淮安，到今年整整50年了"，"现在不能回去。一回去就找麻烦，亲戚们全找来了。我满足不了他们。我要等到大家的生活都提高了，我再回去。"周恩来的秘书王伏林曾回忆说："总理离家后，虽然没有回过一次，但他经常思念淮安，思念家乡。那年，总理从广州飞北京，快到淮安上空时，特意走到驾驶舱中，从飞机上看淮安。"那是1959年元月，当时驾驶员降低了飞行高度，在淮安上空盘旋了三圈。周恩来重新回到座位上后，一言未发，陷入沉思。

1997年，经济学者张维迎接受中央电视台《东方之子》栏目采访时，说过这样一番话：像我们这样的人，你一旦搞了理论研究，虽然现在也搞得不错，名气比较大，但是实际上没什么实用价值，就是说因为你对别人没什么用，所以你要办任何一件事都很难。我现在就不太敢回家。回家以后有好多压力，好多人找我，觉得你名气那么大，你在北京工作，你应该帮助你弟弟、你妹妹，或者还有其他亲戚解决一些问题。甚至我妻子的亲戚从老家来到北京，也希望我给他们找工作。我说我实在是没有办法。

有时候我觉得这是一种很痛苦的事情，心理压力太大。比如我有一次回家，我们家乡的好多人都说没电，还点煤油灯。那个时候是1993年。大家说，你能不能给地委、给省委、给县里说一下，来给咱乡拉一条电线。我说，我去说。我只好自己出了一点钱，然后找三四位朋友帮我，我们总共凑了4万块钱给我们村拉了电。这在我们村来讲，父老乡亲们认为这是一件功德无量的事，所以我们村为此专门立了块小碑。

学者傅国涌向《南方人物周刊》记者吴虹飞叙说自己的生活："我平常的生活十分简单，甚至有点单调，在家的日子，读书占去了我主要的时间，每周写点小文章，做点读书笔记，写书的时候会比较集中，每天要写半天，

这个时代的人

以前，我每天去爬一次山，现在只是晚上走走路，体力锻炼严重不足。日起日落，我的生活节奏不快也不慢，只是要读的书太多，要写的题目太多，要想的问题太多，时间实在不够。偶尔与朋友相聚聊天，算是放松休息。但我很喜欢这样的生活方式，我在物质上所求甚少，青菜豆腐，五谷杂粮，一日三餐，维持生命就足矣，我不喝酒，不抽烟，除了读书，几乎没有什么嗜好，连对美食都没有什么追求。我在乎的是精神生活，一种阅读、思考的生活，当然我也关心脚下的这片大地，和生活在上面的与我一样的无权无势的普通人的命运。"

王小波在美国匹兹堡大学获得硕士学位后，面临着是继续进行专业学习还是写小说的选择，他的妻子李银河后来回忆：当时小波处在一个十字路口，要考虑怎么走。硕士可以作为一种学养，有的人念好几个硕士呢，有不同的专业，不是某个特别的专业，不会陷到一个真正的专业里去。如果继续念博士，写小说就彻底放弃。一个人不可能去做两件事，如果念了博士，整个生活道路就彻底变了。你要成为一个专业人员，就必须去干你的本行。可是写小说一直是他从小的心愿。写小说这条道路是非常艰难的，大概一百个人里只有一个能成功。另外，要想拿它来换钱的话，是非常困难的。我当时认为，小波的文学才能不是常人所有，从我刚认识他、看他的手抄本时，就感觉到了。我觉得他要是把这个扔了就实在太可惜了。他后来所选择的不读博士，就是出于这个考虑，就是到底是写小说还是走其他路的选择。

古稀之年的文洁若依然不停地从事着写作和翻译工作，"我喜欢这种忙碌，这是我想要的生活，只要身体允许，我愿意这样忙碌下去"。对她来说，出版作品是一件与钱没有任何关系的事情，因为她总是用这本书的稿酬去填补那本书的亏损，经常出版几本书却挣不回一分钱。

2008年秋，向来体质不错的作家叶永烈遭遇一场突然袭来的大病，"差一点给我的生命画上句号。我是写好遗嘱上手术台的。由于大夫的精心治疗，我算是从手术房里捡回一条命。"

经过这次与死神搏斗，叶永烈倍感时间的宝贵、生命的有限："我不在乎我能'存活'多少年，但是我很在乎我能写作多少年。写作着是美丽的，写作的人生是灿烂的。'大难不死，必有后福'。如今的我，一切正常，照样出国，照样采访，照样写作，只是多了一种强烈的时间紧迫感。"

厦门大学教授易中天说自己："我是这样的，在学校里基本上体制内的好处我都不去争取，都往后退。比方说评奖、评先进、评什么名师，反正带一个'评'字的，我都躲得远远的。"

2011年3月，在接受《传记文学》编辑黄海贝采访时，作家毕淑敏谈到："我会特别不在乎浮华的东西，比如说衣服，我不会去穿名牌的，或者是为了显示自己财力到达某一个层面，需要用这种东西来做一个证明。我在意的是衣服要清洁，要实用，它能让我的肌肤感觉舒适。同时尽可能的让看到的人觉得自然，不受惊吓。不敢说让人赏心悦目，起码合情合理吧。"（笑）
毕淑敏说："我享受那种简单的生活，崇尚舒适、朴素、安静的状态，希望生活尽可能地在我的掌控之中。所以我也会对很多事说'不'。比如我决定从此退出中国作协的鲁迅文学奖，我觉得这个奖让我目瞪口呆，生不出敬意。从此不参加这个奖。"

1984年，学者周有光所在的单位建造新简易楼，他分得两大两小四居室，全都放置了书架。"我家里没有什么家具，因为放了家具就不能放书了。"他说。

在妻子乐黛云眼中，北京大学教授汤一介是这样的："汤一介做事情一板一眼，自己很累，看别人做不好也担心。他想的多，总是很忧心，不像我，做不好也就不遗憾了。汤一介知识很广博，却几乎没什么其他爱好。不抽烟，不喝酒，不爱应酬，喜欢听的歌也是那几首，喜欢看的就是几部好莱坞上世纪三四十年代的电影，知心朋友也就是几个。他是个恋旧的人。……汤一介生活很朴素，吃的菜就是那几样，对穿的不太讲究。他冬天戴的帽子是毛线的，想给他换一个皮的，或呢的，他死活不同意。在很多人的眼中，汤一介性格内向，……他其实是个很重感情的人，很爱小孩，也很喜欢你们年轻人，但是他不是很表现出来。和他聊久了，他会把掏心窝的话都说出来。"

汤一介说，我真正开始做哲学和哲学史的研究应该说是在 1980 年。这时我已经 53 岁了，但我没有气馁，仍然希望能为中国哲学和中国文化尽一点力。但毕竟最好的年华已经过去了，要想真正成为一名有创造性的、有重大影响的哲学家已不可能。不过我仍可自慰，至少我可以算的上一个"哲学史家"。"哲学家"是要创造出一套思想，让别人来研究，而"哲学史家"是研究历史上哲学家的学者。

经济学者张五常说："以在什么名学报发表过文章为学术是天大笑话。其他学系我不懂，但经济学的行规，发表文章是买米煮饭的玩意，与学术的真谛无关。学术是博学，是深度，是思想，是启发，有没有文章发表或在哪里发表是无关宏旨的。"

武汉大学老校长刘道玉在自传《一个大学校长的自白》的跋中写道："在我 70 年的生涯中，除了孩提时期以外，有 60 多年的时间与教育有关。我既没有文化娱乐的爱好，也缺少旅游观光的雅兴，在生活上是一个很古板的人，有人说刘道玉烟酒茶不沾，歌舞不会，既不吃请也不请吃，因此搞腐败都没门。我一生与书打交道，不是读书就是教书和写书，它们占去了我的全部时间。其实，我的人生经历，就是一部教育实践的历史。"

在接受天津电视台主持人杨帆采访时，新希望集团董事长刘永好这样评价自己："我觉得我这个人脑子还算好用，还是比较勤奋的，虽然不会抽烟也不会喝酒。人家都说你不抽烟、不喝酒、不打麻将、不跳舞，一定是个二百五，我觉得我没有二百五，我只有一百五十多斤（大笑）。"

子曰："君子周而不比，小人比而不周"。北京大学教授李零解释，"周"是和衷共济；"比"是拉拉扯扯，也就是朋党，小集团，小宗派。他说："小集团不好，我不参加。大集团，我也不参加。人，只有独立才有自由，但独立和孤立分不开。"

冒险第六

1979 年 5 月 16 日夜，时任台湾陆军金门防卫司令部连长的林毅夫，从金门游泳至厦门，投奔祖国大陆。

林毅夫的妻子陈云英解释："我们生于上世纪 50 年代，那一代的台湾大学生对于台湾的前途有很多思考。当时台湾的前途不止十个选项，其中回归大陆是一个比较好的选项。我的先生，他比较执着于自己的理想，可以为了理想游过台湾海峡。"

台湾大学校友郑鸿生认为，林毅夫做出的每个选择，都是因为他一直抱有"振兴中华民族"的理想。"他虽然对国民党的幻想破灭，但并没有失去对台湾前途的关切，而他新认识到的中华民族的前途在于中国的统一。然而背着冷战与'反共'包袱的国民党已经完全不能承担这个历史任务了，这也是他当时冒着九死一生游到对岸的心志所在。我个人与林君并不熟识，但以一位同时代、同背景成长的台湾子弟，对他当年心路历程所做的如此猜测，应是与实情相去不远。"

林毅夫自己则说，这并不是一个冲动的决定，而是长期思考的结果。

他说自己从小熟读历史，特别是鸦片战争后的中国屈辱史，台湾是中国一部分的思想在他心里根深蒂固。所以到大陆来，"得失之间并没有那么难"。

林毅夫到大陆后，选择到北京大学攻读经济学。董文俊老师回忆：学校派我考察一下，这个学生能不能收。那个年代，台湾和大陆的关系还很紧张，提到台湾人，大家第一反应就是间谍，所以，接收林毅夫也很慎重。

我先问他为什么要投奔祖国大陆呢？林毅夫的回答引用了中国古代先哲的一则精辟的论述，原话我已记不清了，但大意是：士不可以不弘毅，不可以没有宏图大志……

我又问他为什么要攻读中国经济专业，林毅夫回答说：台湾回归大陆是早晚的事，那时，既需要懂大陆经济的人，又需要懂台湾经济的人，我想成为第一个这样的人。

通过谈话，可以发现，他是个有理想、有上进心的年轻人，而且讲话很有分寸，认真而严谨，是个想搞事业的人，不像是有什么特殊目的。

当时我们分析，收下他，最坏的结果，是最后发现他是个特务，可经济系又没有什么情报。

林毅夫很幸运，能够找到北大。正是北大的包容精神，接纳了林毅夫。他当时没有考试，就被录取了。

2012年5月1日下午，台湾戏剧导演赖声川向年轻人讲述自己的职业选择：我当年决定出国留学，我选择的科目叫做戏剧，我大学不是念这个的，因为台湾当年没有什么地方可以念到戏剧。所以，我如果拿到学位，回到台湾，也没有地方给我教书，没有话剧这个行业，我去念的是一个无解、回来没有工作的事情，但是我就做了，想想其实很傻，怎么会有这样的人。我所有的朋友都是念理工的，我们那个时代，只要有出息，一定是念理工的，我们选择念戏剧的，被视为很边缘很边缘的。在这样的压力之下，我还是觉得我要做我想做的事情，未来怎么办，不知道。我只能盲目地相信会有一条路的，这个是我当年的一种信念。结果没有想到，我这条路走到今天，它其实就开了嘛。我也不能保证，每一个人照这样子傻傻地走，路一定会开，可是，我要讲的就是说，我们还是要相信自己，我们要相信自己所相信的，也就是说别人要你做什么，其实你应该有能力去检视它，我为什么要跟所有人一样？

像我前几天一个朋友，跟我说好高兴，女儿在纽约找到工作了，而且是在华尔街。我心里其实很悲伤，因为我突然想，又一个优秀的年轻人，进到华尔街那个贪婪的游戏里面去玩钱，然后拿到薪水就买车子，买房子，贷款。然后30年的贷款还完了，就退休了。我要替我朋友高兴吗，我不知道。因为他的小孩好像就跟所有人一样，去寻找一个他们以为会带给他们幸福的一件事情，但是我觉得未必，我不能说一定，只能说未必。

1992年年初，邓小平在南方谈话中讲道："没有一点闯的精神，没有一点'冒'的精神，没有一股气呀、劲呀，就走不出一条好路，走不出一条新路，就干不出新的事业。不冒点风险，办什么事情都有百分之百的把握，万无一失，谁敢说这样的话？"

1987年2月6日上午，邓小平在住地同几位中央负责同志谈话："前一段出了点差错没有什么了不起，不值得那么大惊小怪。不要怕，一怕就不能搞改革了。我倒觉得，我们是否搞得过稳了。"

中国国际金融公司董事长李剑阁说，不改革，我们前面的路越走越窄，生存空间越来越小；改革可以给我们带来希望的明天，当然伴之而来的也可能有无数难以预见的风险。

我们应该尽量避免风险、化解风险，但是，我们永远也不要把风险归罪于改革创新。因为不改革创新，我们其实已无路可走。

改革开放早期，袁庚在深圳办蛇口工业区的时候，面对种种政治争议，他抱定一个想法——"大不了回秦城监狱去"。

袁庚80岁的时候，因为腰椎间盘突出要动手术，可是医生反复劝告他说，这种手术一般只给 66 岁以下的患者做。袁庚听完一笑说：记录就是为了打破的。

1981 年 2 月，梁湘开始主政深圳。他思想解放，敢想敢干，深圳的改革开放局面由此全面打开。邓小平给深圳的题词——"深圳的发展和经验证明，我们建立经济特区的政策是正确的"，就是发生在梁湘主政期间的 1984 年。

1986 年 5 月，梁湘在一片争议声中黯然离职。在离职讲话中，他引用智利诗人聂鲁达的一段话，表达自己对深圳的感情："如果必须生一千次，我愿意生在这个地方；如果必须死一千次，我也愿意死在这个地方。"刹那间，在座的许多同事，泪如雨下。

2007 年底，汪洋就任广东省委书记之初，就提出了要以当年改革开放初期"杀开一条血路"的气魄，继续解放思想，进一步推进广东的改革开放问题。后来，他又说："我也想了，广东改革开放三十年，走的是自己的路，让别人议论去吧。现在仍然是这样，走我们自己的路，科学发展的路，让别人议论去吧。"

1998 年 3 月 19 日，在九届全国人大一次会议上刚刚当选为国务院总理的朱镕基，面对中外记者慷慨陈词："不管前面是地雷阵还是万丈深渊，我都将一往无前，义无反顾，鞠躬尽瘁，死而后已。"

从 1958 年到 1978 年，朱镕基当了 20 年的"右派"，但依然不改他的直言本色。1979 年，朱镕基前往国家经委工作，任燃动局处长。一次，经委召开全体干部大会，经委负责人首先讲话，主任、副主任讲完，会议主持人号召干部踊跃发言。一般来说这样的会议，都是司局级干部发言，轮不到处级干部，然而坐在后排的新任处长朱镕基，硬是早早地抢先站起来"放了一炮"。有回忆者说，朱镕基的发言，分析中肯，见解独到，言之有理，在会场引起一阵骚动。经委党组负责人会后赞扬说："遭了 20 多年的罪，还敢这么坦率地说出自己的独到见解，是个好同志。"

1989 年 12 月 2 日，上海市委书记、市长朱镕基，就如何深化上海金融体制改革的问题，主持召开市委常委扩大会议。在听取了中国人民银行副行长刘鸿儒等专家的意见后，朱镕基拍板决定建立证券交易所，并决定由中国人民银行上海市分行牵头，市体改办和市政府咨询小组各出一个人（三人分别为龚浩成、贺镐圣和李祥瑞）参加，组成筹建上海证券交易所三人小组，具体负责领导这项工作。三人小组的工作直接对市长负责，不需要通过单位和所属系统层层汇报。

在这次会议上，朱镕基同李祥瑞、龚浩成有一段有意思的对话：

在朱镕基讲完后，他就先问李祥瑞："老李，你看怎么样？"

李祥瑞心里还是有些担心，就实说了："我看还是有点风险的。"

朱镕基问："什么风险？"

李祥瑞回答说："主要是政治上的风险。"

朱镕基又转过头去，问龚浩成："老龚，你看怎么样？"

龚浩成说："我觉得老李说的政治风险不是没有的。即使不存在政治风险，也要有 100 到 200 家大中型企业实行股份制，要有 50 到 100 家股票上市，才能搞证券交易所。"

这时，朱镕基对李祥瑞和龚浩成两人说："你们两位不用害怕，出了事我和刘鸿儒负责。你们两位还在第二线呢。"

后来，李祥瑞和龚浩成见到朱镕基重提旧事，朱镕基告诉他们说，在决定要筹建上海证券交易所之前，他就曾当面向邓小平汇报过。他说：小平同志，我们想建立上海证券交易所。邓小平当时说：好哇，你们干嘛。

1992 年初，邓小平在南方谈话中说："证券、股市，这些东西究竟好不好，有没有危险，是不是资本主义独有的东西，社会主义能不能用？允许看，但要坚决地试。看对了，搞一两年对了，放开；错了，纠正，关了就是了。关，也可以快关，也可以慢关，也可以留一点尾巴。怕什么，坚持这种态度就不要紧，就不会犯大错误。"

经济学者张维迎讲述政治家与官僚的区别：我们必须认识到中国这个体制发展到今天，我们越来越走向政治家出自官僚体系，而政治家天生要求的素质和官僚是不一样的。政治家需要横空出世的人，官僚是要循规蹈矩。政治家他要主持一个大的格局，他要面临着好多不确定的东西，他要提出他的目标，他要实现这个目标，这个目标有好多的障碍，他要克服这种障碍。真正的政治家很大程度上类似于一个伟大的企业家，他要有创新性，他要冒险，他要有追随者，这种追随是诚心的追随，而不是出于利益的追随。政治家要有相当的人格魅力。官僚不一样，他是做一些具体事的问题。我们可以设想一下，如果美国的政治家都是从美国的公务员内选，他会是什么样？所以这就是一个挑战，我们必须认识到这个问题。我们要维持这个国家的长治久安，我们就得有一个机制，这个机制下真正优秀的领导人能够产生出来。

2010 年 3 月 28 日，吉利集团与福特公司在瑞典签署协议，以 18 亿美元收购已有 86 年历史的沃尔沃，完成了一个几乎不可能的商业狂想。吉利集团董事长李书福说：我们一开始 2002 年提出来要并购沃尔沃，那时候所有人都在笑话我，我们内部人也都在笑话我。但我就是这么一步一步走的，一旦我们开始这次冒险，一旦我开始收购沃尔沃，唯一能阻止我的办法就是杀了我。但他也提醒自己，"我也有可能是错的，要有忘我的精神去研究。一定要忘我，不忘我天天想着自己失败了怎么办，那就不能前进了。要有一种大无畏的革命精神，这一点很重要。"

联想集团创办人柳传志说："制定战略的过程就像找路。当前面是草地、泥潭和道路混成一片无法区分的时候，我们要反反复复细心观察，然后小心翼翼地、轻手轻脚地去踩、去试。当踩过三步、五步、十步、二十步，证实了脚下踩的确实是坚实的黄土地的时候，则毫不犹豫，撒腿就跑。这个去观察、去踩、去试的过程是谨慎地制定战略的过程；而撒腿就跑则比喻的是坚决执行的过程。"

胡舒立因搞揭黑报道，经常被描述为"中国最危险的女人"，然而她却能在新闻界屹立不倒。于是，许多人就猜测胡舒立的政治背景，而她自己则说，人们高估了她和权力的接近程度，"我不知道他们的生日，我是一名记者，他们也把我当作记者对待。"

在"文革"结束不久、中国人刚从噩梦中苏醒的 1978 年，作家巴金就大声疾呼"说真话"，从而直接开启了"新时期文学"的大门。陈思和在《巴金的意义》一文中说："'说真话'，这在激进的年轻人的眼睛里可能不是什么英雄创举，甚至受到轻视，但对于从历史阴影里走出来的老一代知识分子来说，'说真话'几乎是一个维护良知和操守的武器，'不说假话'成了他们衡量自己人格的最后底线。"

巴金说："我不是文学家，也不懂艺术，我写作不是我有才华，而是我有感情，对我的祖国和同胞我有无限的爱，我用我的作品来表达我的感情。我提倡讲真话，并非自我吹嘘我在传播真理。正相反，我想说明过去我也讲过假话欺骗读者，欠下还不清的债。我讲的只是我自己相信的，我要是发现错误，可以改正。我不坚持错误，骗人骗己。"

巴金在《随想录》里写道：那些时候，那些年我就是在谎言中过日子，听假话，说假话。今天我回头看自己在那段日子的所作所为和别人的所作所为，实在不能理解。这是一笔心灵上的欠债，我必须早日还清。我明明记得我曾经由人变兽。我不会忘记自己是一个人，也下定决心不再变为兽，无论谁拿着鞭子在我背上鞭打。

北京大学教授季羡林说，要说真话，不讲假话。假话全不讲，真话不全讲。就是不一定把所有的话都说出来，但说出来的话一定是真话。

物理学者许良英在被打成右派期间，完成了三卷《爱因斯坦文集》的编辑工作。他以爱因斯坦为楷模，说爱因斯坦不仅仅是科学家，还是一个特别正直的公民，比如对希特勒，反对。他多次表示，自己所做的一切"不过是学习安徒生童话《皇帝的新衣》中的那个小孩"。

中央电视台主持人白岩松屡屡因为说真话获奖，起初很高兴，但转念一想又不对："说真话是全世界几百年以来新闻最基本的底线，从来就不是上线。就比如，你永远不能夸别人不偷东西便是好人。"

冒险第六

141

白岩松说，从这几十年来看，说真话是越来越容易。想一想说真话曾经丢命，现在会吗？遇罗克，丢命了吧，张志新，丢命了吧，现在不会吧？所以毫无疑问就是进步了，但是我觉得离大家期待的还远。这里有一个概念，讲真话的对立面是不是假话呢？我认为，讲真话的对立面更大比例的不是假话，而是空话和套话。

当你真正不畏惧什么的时候，你就会说真话。就这么简单。有很多人仅仅是因为一些自己都不知道的东西，就开始说着那些言不由衷的空话套话。我就经常会觉得人怎么想不明白呢，你有什么可畏惧的？"此处不留爷，自有留爷处"，这个时代早已改变了过去的"此处不留爷，就是葬身处"，所以我觉得社会要让更多的人意识到，没有什么可畏惧的，少一点畏惧就会多一点真话。

中国政法大学老校长江平说：我自己认为，我从划右派到后来出来工作，后来又被免职，我的一生里面，很重要的一个就是尽量不说违心话，尤其是在重大问题上我不说违心话。我是怎么想的，就怎么说出我的观点。你认为我合适，我就来担任工作；你认为不合适，你给我免掉，我还是一个教授。

中国历次的政治运动遗留下来的最大的问题，就是培养一种不敢说真话的习惯。中国真正敢说真话的知识分子是比较少的，所以也可以说，这是知识分子的某种软弱性吧！可能从中国来说，知识分子总有一些软弱性。这种东西也不能太多地责怪当事人。我只能说，在这种情况下，我尽量做到了说真话。不去诬陷别人，不去往上爬，不去为了追求官职而昧掉自己的良心，我觉得尽量做到这一点，是我一生很大的愿望。我在当中国政法大学校长期间，我也没有去跑官或者跑什么，我觉得知识分子就是凭自己的知识和能力，能够在这个范围做到问心无愧，学生觉得这个老师还有他的起码的良心，同事对你也还有起码的理解，这就够了。

江平觉得，在现今中国法治建设的情况下，他所能做的是呐喊。为什么选择了"呐喊"这个词？他解释，一方面，当然是受了鲁迅的启发，形势越来越严迫，外面的环境越来越恶劣了，就有必要"呐喊"；另一方面，

这
个
时
代
的
人

也说明了另外一个问题，那就是既要敢于斗争，又要善于斗争，要把这两个东西很好地结合起来。这是一个很难的问题，要么你是善于斗争而不敢表态，或者你敢于表态，有时候又失去分寸。

1990 年 6 月，中国政法大学 86 级的毕业生举行毕业典礼。作为不久前已经退位的校长，江平没有被通知参加这个活动。他转述："后来有人跟我说，毕业生们一看主席台上没有我，高喊着我的名字久久不停，弄得主持毕业典礼的人很下不来台。这也能说明，经历很多变故后，我和那几级的学生们心贴得更近。"

还有一件事，大概是 1992 年 5 月的时候，中国政法大学在昌平新校区举办建校 40 周年庆祝大会。作为已经离任的校领导，江平的座位是很靠后的。等主持人宣布还有哪些来宾参加会议，当念到江平的名字时，下面雷鸣般的掌声一下子响个不停。

江平说："我觉得我被免职之后，应该说，我在学生心中的地位还是被保留了，我认为这是很值得庆幸的。"

在研究杂交水稻的实践中，袁隆平深深地体会到，作为一名科技工作者，要尊重权威但不迷信权威，要多读书但不能迷信书本，也不能害怕冷嘲热讽，害怕标新立异。如果老是迷信这个迷信那个，害怕这个害怕那个，那永远也创不了新，永远只能跟在别人后面。

他把搞科研比喻为跳高，跳过一个高度，又有一个新的高度在等着你。要是不跳，早晚落在别人后头，"即使跳不过，也可为后人积累经验，总比原地止步要强，个人的荣辱得失又算得了什么"！

冰心曾戏言，我已遵照毛主席的指示要"五不怕"：不怕杀头，不怕坐牢，不怕离婚；我不是党员，无党籍可开除；也没有做官，无职可撤。冰心爱花，尤其是玫瑰，"我爱她，因为她有坚硬的刺，浓艳淡香掩不住她独特的风骨。"

2011 年 10 月 22 日，台湾诚品书店创办人吴清友在澳门作《品牌文化之我思与我见》的专题演讲时表示，中国人讲求利，在诚品来说有两个方面，就是利他，有利于别人，之后企业才有资格追求正当的利润。他认为一个良好的品牌和企业，要两利兼具，才有意义。诚品特殊的求生存、求发展的道路，开创了创新的运营模式。诚品自我提醒，要经营一个文化品牌，要有善念，要有正面的思维，要有高度的自我提醒，必须要有强烈的企图心，还要有大气度。

吴清友认为，诚品之所以能够成为独具一格的品牌，是从文化角度去看事情。在以往传统产业里，尚没有这种模式。一般人很容易用书店卖书，与书产业划上完全的等号。但诚品讲的是终极关怀，是人，是生命，是阅读，但诚品又把阅读扩展到书与非书之间，阅读包涵阅读大地，阅读生命的风景。

"很多诚品读者到诚品不只是为了买书，诚品已是多元服务，多元空间，多元场所，多元的商品中心，书不过是其中之一。"吴清友解释道，"现代人生活这么紧张，最要照顾的应该是他自己的心情和心境。诚品的空间不拘一格，读者到诚品可能是为了转换一下心情，安顿一下自己的心灵，这就需要一个有知识、有哲学、有艺术、有文化的空间，很多来诚品的人，是来寻找自己的另一个他的当下，追寻情绪的满足感。因此，对诚品而言，是经营一个生活、生命、工作交融的场所。书不过是其中一个重要主角，但书不是唯一，不是全部的。诚品表面上是书店，其实是汇聚不同的人，在不同情境下喜欢来的一个场所。"

吴清友说："我们对诚品有信心，因为全球没有任何一个品牌走这条路。我们仍在尝试，诚品赔钱十五年，却依然不离不弃。我们终于找到彼此间的关联性，它既可满足理想和价值，又可运行的商业模式。诚品虽然还没有赚到非常多的商业利益，但已赚得很多人心。品牌就是要先攻占人心，有了这些人心，将来他们就会成为诚品的终身顾客群，而诚品就有机会跟着它成长，也才有机会赢得假如有的商业利益。诚品一开始不是为了赚钱，当时看不出你能存在多久，幸运的是在今天时空环境下，包括大陆在内，整个社会都觉得商业之外，文化、精神、心灵，可能是二十一世纪人类最需要去关注的议题，诚品则在二十多年前就启动了这一想法，经历坎坷和动荡，正像我们曾经说过：天佑诚品。"

从《夹边沟记事》、《定西孤儿院纪事》到《甘南纪事》，作家杨显惠一直坚持"贴着地面写作"：写别人未曾写过的，写自己所亲身见闻的。有人评价杨显惠是"文学的边缘人、史学的门外汉、新闻的越位者"，而在文学批评者林贤治眼中，正是这个很难归类的人，烛照了我们一直回避的历史主题，具有当代文学中非常稀有的品质："我们的文学粉饰生活的居多，直面现实、秉笔疾书少之又少。作家需要勇气，才能写出反映民族命运的作品，才能承担这个民族的历史所加于他的苦痛。我们的鲁迅文学奖、茅盾文学奖是排斥这种作品的，奖项提供的范式在那，大家跟着范式去炮制，谁还愿意去担纲痛苦，谁还愿意去承担风险？"

杨丽萍在创作大型原生态民族歌舞集《云南映象》期间，本来说好的投资方临时撤资，但排演已经开始，她为了不让大家散伙，无奈把自己的房子卖了，用于付场地房租和工资。"很多人就说，你不容易，你倾家荡产。"杨丽萍说，"没有什么选择不选择的问题，为了跳舞，卖房子也是应该的。"后来，《云南映象》的演出获得了成功，包括商业上的成功。

有人问左方当《南方周末》主编的经验。左方认真地回答：盗亦有道。问者很惊讶，左方解释说：有人问庄子，盗亦有道乎？庄子说有，先入、后出、均分、知可否，没有这四者，能成大盗者鲜矣。

"先入"，偷东西，要第一个进去，做工作，就要带头。"后出"，偷完东西，最后一个出来，有风险你要独立承担。"均分"，就是要和同伙同享利益，不要搞特殊。"知可否"最重要，你作为一个领头的人，必须知道哪里有东西可偷，而且最安全。因为谁跟你去偷东西扑了空，甚至被抓住了，那就不会有人听你的。所以，作为一个领导人，在做决策的时候先要深思熟虑，要"知可否"。

20世纪八九十年代，左方担任《南方周末》主编的时候，尽管大胆改革，勇于创新，但也有谨慎的一面。为了报纸的安全，报社提出"四个维护"作为办报的红线，就是要维护党的领导、维护现行政策、维护现行政治体制、维护社会稳定。还有就是，报道一些敏感的题材时，就用比较隐晦的标题，尽量不引起审查官们的注意；报道不敏感的题材时，就用耸人听闻的标题，以吸引读者阅读。敏感的人让他谈不敏感的问题，敏感的问题让不敏感的人去谈。

崔健靠《一无所有》、《一块红布》等登上摇滚乐坛，但他没有固守这种音乐风格，而是冒着失去歌迷的风险，一直在变。对此，他这样解释：这种冒险是值得的，我非常鄙视那种一成不变的创作风格。如果只为满足歌迷口味而压抑自己的兴趣与个性，那才是痛苦。比如我完全可以违心地写出《二无所有》、《二块红布》，但那种音乐是虚伪的。如果不求新的话，你不可能体会到音乐的美感与快感，沦落到对音乐的无知。

陈忠实说，当作家这条路是一个极其折磨人的过程。在较长的时间里，你的作品不能以获得发表的形式作为肯定的话，你就会不断怀疑自己选择的正确性，不断拷问自己是否具备文学创作的才华。而这些又是不能证明的，能证明的就是写出好文章来，而在这之前，谁能知道你的前程？就算是在发表了作品以后有了影响以后依然还担心自己能不能创作出更好的作品。对于绝大多数作家来说，不断创作出更好的作品是证明自己的惟一途径。文学创作的路是无法预知、无法谋划的。

2003 年，台湾导演魏德圣为筹拍电影《赛德克·巴莱》，想先制作五分钟的宣传短片募款，可是制作资金不够，于是他就想拿自家的房子作抵押贷款。他把一切的抵押手续办好，在签字之前，才去问正在怀孕的妻子。妻子的态度很宽容，没有太多犹豫，对他说："你是一个有梦想的人，我没有，但是天下有梦想的人那么多，会去做的也没有几个，你是很少数会去做的那个人，那你想做就去做，反正钱应该赚就有了，顶多慢慢再还回来就好了，就是不要老了以后，再跟我讲说，当时年轻的时候，如果怎么样怎么样就好了。"

当时，很多人认为魏德圣的动作是很笨的，都劝他不要赌，投入的资金收不回来，不值得。但魏德圣自己觉得应该会值得才对，"当爹之前先冒个险，要不然当爹以后就不敢冒险，所以趁着孩子出生之前，先赌一把。"

有一次，做口述历史工作的中央电视台主持人崔永元，和上海电影制片厂的总裁任仲伦聊天。"他说你喜欢谢晋吗？我说我喜欢。他说他好在哪儿？我说他踏踏实实地在讲故事。他说还不是这么简单，他是那代导演里，为中国电影和中国导演拓展空间的一个英雄，他说其实每一代导演都需要有一个这样的领军人物。他的《牧马人》、《天云山传奇》、《芙蓉镇》都有可能上映不了，《牧马人》在拍摄过程中就让他停拍，他还是拍了，结果《牧马人》公映了，也获奖了。我们在谢晋晚年采访他的时候，说到这儿他都很激动，他在流眼泪。我是觉得每个时代都需要那么一拨人，做艺术的，他们负责为艺术家拓展空间，而不是说上面规定好了你能干什么，你就只能干什么。艺术家的想象力是无比旺盛和丰富的，你要敢冒这个险。"

肖扬从最高人民法院院长的职务上退休后，曾发出这样的感慨：司法改革是一个历史跨度很长的老题目，也是一个时代感很强的新题目，还是一个风险度很高的难题目。他说，王安石讲，"天命不足畏、祖宗不足法、人言不足恤"指的就是改革的风险和艰难。"一个案子都必须慎之又慎，何况一项可能涉及千万人的改革？坦率地讲，做每一件事，都应当想到会有什么样的结果，把它都估计到了，才去做。只要下决心，哪怕艰难险阻，冒着风险也应当想方设法去排除。"

1981 年至 1988 年，刘道玉在担任武汉大学校长期间，率先推行了一系列从教学内容到管理体制的改革措施，包括学分制、导师制、主辅修制等，为全国高教界瞩目。他说，我这个人最喜欢一个字，那就是"变"。有了这个字，就有了创新的最大驱动力。我本不想做官，也就不怕丢官，那么就不会为"保官"而前怕狼后怕虎了，也就可以无所顾忌地发挥自己的创造力了。

刘道玉历来以"说话不留余地、办事不留后路"自勉，他说："大丈夫有两种，一种是宁折不屈，另一种是能伸能屈，我崇敬前面的一种大丈夫，也许我名字中有一个'玉'字，所以我很欣赏玉的品格：宁为玉碎不为瓦全。"

在 2012 年北京大学中文系毕业典礼上，该系 1988 届毕业生、《人民日报》评论部主任卢新宁发表了一篇《在怀疑的时代依然需要信仰》的致辞，全文如下：

敬爱的老师和亲爱的同学们：

上午好！

谢谢你们叫我回家。让我有幸再次聆听老师的教诲，分享我亲爱的学弟学妹们的特殊喜悦。

一进家门，光阴倒转，刚才那些美好的视频，同学的发言，老师的讲话，都让我觉得所有年轻的故事都不曾走远。可是，站在你们面前，亲爱的同学们，我才发现，自己真的老了。1988 年，我本科毕业的时候，你们中的绝大多数人还没有出生。那个时候你们的朗朗部长还是众女生仰慕的帅师兄，你们的渭毅老师正与我的同屋女孩爱得地老天荒。而现在他们的孩子都该考大学了。

就像刚才那首歌唱的，"记忆中最美的春天，难以再回首的昨天"。

如果把生活比作一段将理想"变现"的历程，我们只是一叠面额有限的现钞，而你们是即将上市的股票。从一张白纸起步的书写，前程无远弗届，一切皆有可能。面对你们，我甚至缺少一分抒发"过来人"心得的勇气。

但我先生力劝我来，我的朋友也劝我来，他们都是84级的中文系学长。今天，他们有的仍然是一介文人，清贫淡泊；有的已经主政一方，功成名就；有的发了财做了"富二代"的爹，也有的离了婚、生活并不如意，但在网上交流时，听说有今天这样一个机会，他们都无一例外地让我一定要来，代表他们，代表那一代人，向自己的弟弟妹妹说点什么。

是的，跟你们一样，我们曾在中文系就读，甚至读过同一门课程，青涩的背影都曾被燕园的阳光，定格在五院青藤缠满的绿墙上。但那是上个世纪的事了，我们之间横亘着20多年的时光。那个时候我们称为理想的，今天或许你们笑称其为空想；那时的我们流行书生论政，今天的你们要面对诫勉谈话；那时的我们熟悉的热词是民主、自由，今天的你们记住的是"拼爹"、"躲猫猫"、"打酱油"；那个时候的我们喜欢在三角地游荡，而今天的你们习惯隐形于伟大的互联网。

我们那时的中国依然贫穷却豪情万丈，而今天这个世界第二大经济体，还在苦苦寻找迷失的幸福，无数和你们一样的青年喜欢用"囧"形容自己的处境。

20多年时光，中国到底走了多远？存放我们青春记忆的"三角地"早已荡然无存，见证你们少年心绪的"一塔湖图"正在创造新的历史。你们这一代人，有着远比我们当年更优越的条件，更广博的见识，更成熟的内心，站在更高的起点。

我们想说的是，站在这样高的起点，由北大中文系出发，你们不缺前辈大师的庇荫，更不少历史文化的熏染。《诗经》《楚辞》的世界，老庄孔孟的思想，李白杜甫的词章，构成了你们生命中最为激荡的青春时光。我不需要提醒你们，未来将如何以具体琐碎消磨这份浪漫与绚烂；也不需要提醒你们，人生将以怎样的平庸世故，消解你们的万丈雄心；更不需要提醒你们，走入社会，要如何变得务实与现实，因为你们终将以一生浸淫其中。

我唯一的害怕，是你们已经不相信了——不相信规则能战胜潜规则，不相信学场有别于官场，不相信学术不等于权术，不相信风骨远胜于媚骨。

你们或许不相信了，因为追求级别的越来越多，追求真理的越来越少；讲待遇的越来越多，讲理想的越来越少；大官越来越多，大师越来越少。因此，在你们走向社会之际，我想说的只是，请看护好你曾经的激情和理想。在这个怀疑的时代，我们依然需要信仰。

也许有同学会笑话，大师姐写报纸社论写多了吧，这么高的调子。可如果我告诉各位，这是我的那些中文系同学，那些不管今天处于怎样的职位，遭遇过怎样的人生的同学共同的想法，你们是否会稍微有些重视？是否会多想一下为什么20多年过去，他们依然如此？

我知道，与我们这一代相比，你们这一代人的社会化远在你们踏上社会之前就已经开始了，国家的盛世集中在你们的大学时代，但社会的问题也凸显在你们的青春岁月。你们有我们不曾拥有的机遇，但也有我们不曾经历的挑战。

文学理论无法识别毒奶粉的成分，古典文献挡不住地沟油的泛滥。当利益成为唯一的价值，很多人把信仰、理想、道德都当成交易的筹码，我很担心，"怀疑"会不会成为我们时代否定一切、解构一切的"粉碎机"？我们会不会因为心灰意冷而随波逐流，变成钱理群先生所言"精致利己主义"，世故老到，善于表演，懂得配合？而北大会不会像那个日本年轻人所说的，"有的是人才，却并不培养精英"？

我有一位清华毕业的同事，从大学开始，就自称是"北大的跟屁虫"。对北大人甚是敬重。谈到"大清王朝北大荒"江湖传言，他特认真地对我说："这个社会更需要的，不是北大人的适应，而是北大人的坚守。"

这让我想起中文系百年时，陈平原先生的一席话。他提到西南联大时的老照片给自己的感动：一群衣衫褴褛的知识分子，器宇轩昂地屹立于天地间。这应当就是国人眼里北大人的形象。不管将来的你们身处何处，不管将来的你们从事什么职业，是否都能常常自问，作为北大人，我们是否还存有那种浩然之气？那种精神的魅力，充实的人生，"天地之心、生民之命、往圣绝学"，是否还能在我们心中激起共鸣？

马克思曾慨叹，法兰西不缺少有智慧的人但缺少有骨气的人。今天的中国，同样不缺少有智慧的人但缺少有信仰的人。也正因此，中文系给我们的教育，才格外珍贵。从母校的教诲出发，20多年社会生活给我的最大启示是：当许多同龄人都陷于时代的车轮下，那些能幸免的人，不仅因为坚强，更因为信仰。不用害怕圆滑的人说你不够成熟，不用在意聪明的人说你不够明智，不要照原样接受别人推荐给你的生活，选择坚守、选择理想，选择倾听内心的呼唤，才能拥有最饱满的人生。

梁漱溟先生写过一本书《这个世界会好吗？》。我很喜欢这个书名，它以朴素的设问提出了人生的大问题。这个世界会好吗？事在人为，未来中国的分量和质量，就在各位的手上。

最后，我想将一位学者的话送给亲爱的学弟学妹——无论中国怎样，请记得：你所站立的地方，就是你的中国；你怎么样，中国便怎么样；你是什么，中国便是什么；你有光明，中国便不再黑暗。

谢谢大家！

1986年10月，李泽厚在《中国现代思想史论》一书的后记中写道："当中国作为伟大民族真正走进了世界，当世界各处都感受到它的存在影响的时候，正如英国产生了莎士比亚、休谟、拜伦，法国产生了笛卡儿、帕斯噶、巴尔扎克，德国产生了康德、歌德、马克思、海德格尔，俄国产生了托尔斯泰、陀思妥耶夫斯基一样，中国也将有它的世界性的思想巨人和文学巨人出现。"

江泽民引用古人的话说：处非常之时，干非常之事，需非常之人。

社会学者费孝通说："现在世界正进入一个全球性的战国时代，是一个更大规模的战国时代，这个时代在呼唤着新的孔子，一个比孔子心怀更开阔的大手笔。"

1999年，在费孝通主持的一次会议上，北京大学教授汤一介提出了"新轴心时代"的想法。

德国哲学家雅斯贝尔斯认为，公元前500年前后，在世界多个地区，几乎同时出现了一些非常伟大的思想家，古希腊有苏格拉底、柏拉图，以色列有犹太教的先知们，印度有释迦牟尼，中国有孔子、老子。这是一个人类精神创造的黄金时期，这一时期的思想为人类后来 2500 年的发展产生了决定性影响。所以，雅斯贝尔斯把这一时期称为人类发展史上的"轴心时代"。

如今的世界又有一个非常大的变化，这就是全球化的出现。"轴心时代"的各种文化没有互相影响，现在彼此间影响越来越大，这是否会出现世界大转变，是否会产生新的思想家，是否预示新的"轴心时代"的到来呢？汤一介的答案是肯定的，并说我们应该和各国的学者一起，为"新轴心时代"的早日到来而努力。

"究天人之际，通古今之变，会东西之学，成一家之言"，这是汤一介最喜欢的话。原话是司马迁说的，其中"会东西之学"（或"会中西之学"），是汤一介加上的。

九十岁时的费孝通回忆，童年时，看到我祖母对每一张有字的纸都要拾起来，聚在火炉里焚烧，并教育我要"敬惜字纸"。我长大一些的时候，还笑老祖母真是个老迷信。如今，我也长到了老祖母的年纪，才真正明白"敬惜字纸"的文化意义。

我是这么想，纸上写了字，成了文章，成了书，就成了一件能为众人带来祸福的东西，不应轻视，要敬而惜之。

古人讲立德、立功、立言，我当然说不上立德、立功，可是我从十四岁开始在《少年》杂志上发表文章起，确实写下了不少文字。这些文字都在各种报刊上发表了，也就是说，我通过文字曾对社会发生过影响，这是不是可以说得上"立言"？

立言不是容易事，言论发表出来，能不能立得住，要靠实践证明，要靠事实说话。不是自己说好就好，也不是别人捧场就好。打分的是社会，是历史。比如《江村经济》，写出来有六十年了。六十年的时光不算短，占我一生的大半。这段历史会给这本书打多少分，虽然不是我个人的事，我也说过"愧赧对旧作，无心论短长"的话，但既有人买它去看，它的质量怎样，就是我不能不关心的。写文章毕竟不是个人的事，作者对写出的文字是要负责任的。

金观涛、刘青峰夫妇在 2000 年初出版的著作《中国现代思想的起源》

中指出，二十世纪末的知识界是如此侏儒化：不仅十九世纪那样的思想巨人不复存在，二十世纪上半叶那样的行动巨人亦无影无踪，甚至连横跨几个学术领域的雄心都荡然无存；知识分子已成市场、分工和专业的奴隶。

台湾学者蒋勋在广播节目中讲唐诗，向采访他的《南方周末》记者石岩谈感受："那是我们小时候跪在祖宗牌位前面背的东西。那时候恨得要死，现在却觉得真是了不起！就10个字：明月松间照，清泉石上流。简单到那个样子，可是里头有多么深邃开阔的意境……"

"孟子说'五百年必有王者兴'。我常常在想，传世的为什么是唐诗？之前不是没有好诗，陶渊明诗也很好，可唐诗气象盛大、诗人诗作之多，贩夫走卒都可以琅琅上口的普及度，之前没有哪一个朝代能比。而宋以后也没有了。"蒋勋说，"文化有它的花季，也许我们不是文化花季的人。"

经济学者张维迎说，也许我的思想影响了你，你的思想又可以影响另外一个人，那个人再影响下一个人，思想的影响力是一个链条，我希望自己站在这个链条的上游。

张维迎告诫学生：不要让别人因为看多了你的名字而记住你，要让人家看了你的文章而记住你的名字。

2012年10月，张维迎在接受财经网主持人权静采访时说，企业家有千千万万，不能指望每一个人都有那么远大的理想，大部分企业家就是赚钱、养家糊口，开一个小店。但是，我一直在讲，总是要有1%、2%的人有理念也有理想。好比如西方，如果没有企业家，没有1%、2%的人属于这一类人，它不会有这么大的进步。由于这1%、2%的人有好多的理念，他某种意义上像一个制度企业家，他改变社会的行为方式，他改变社会的体制。我觉得中国是需要这样一批企业家，体制的变化需要很多观念的变化，观念的变化就需要思想市场，就要有人研究这个东西。好比如美国有那么多的智库，这些智库谁支持的？都不是政府支持的，政府支持不能叫智库，

这个时代的人

智库是独立于政府。钱哪儿来？钱就是来自于好多的企业家。你看中国企业家就很难。

随即，张维迎又补充说：我觉得任何人都没有权利要求个人做什么，我刚才讲的就是，中国社会你要进步，一定要出现这样一些人。作为研究经济学的人，当然我对每个人的行为都理解。

学者何新致信李泽厚："弟平生之所求者，不在当世一时之是非短长，所追求乃万世名也。此名不可窃取，惟有真才实学方可得之耳。"

有一次，联想集团创办人柳传志与大学生们谈到理想问题："立大志，但不是所有人都适合立大志。我女儿念高中时写过一篇作文叫大树和小草。她问我愿意做大树还是做小草，我说我当然愿意做大树。她说老师的意思希望他们做小草，甘于默默奉献。我说，对，是要默默奉献，但整个社会是大树在推动前进的。邓小平是大树，没有他，中国有今天吗？确实是历史创造英雄，但有时是英雄创造了历史。我也见过一些人，心胸很大，但能力不够，也很痛苦。因此每个人首先要看自己适合什么，不适合什么。"

柳传志认为，联想能够存活发展这么多年，是跟他自己的一个重要理念有关系的，这个理念就是"有理想而不理想化"。早年的时候，在大环境很困难的时候，他就试着改变小环境。当小环境也不行的时候，他就不动了。他宁可不动，也不愿意找死。

2010年6月，王振耀在民政部慈善促进司司长的位子上离开，就任北京师范大学壹基金公益研究院院长。推动中国的社会转型，是王振耀的理想。他说，从政府到民间，是找到了一个可以更好实现自己理想的平台，"中国的政府总要现代化，总有人要先走出来。如果为了当官把性格都改变了，我自己会瞧不起自己。"并说，"终究，我还是个理想主义的人。"有热心人为他的"转身"开了一场小型派对，曾在中国青少年发展基金会、中华慈善总会等半官方慈善组织任职的徐永光，借着酒兴说，"振耀下海了。"在场更多的人说："不对，振耀上岸了。"

在投奔祖国大陆后的第二年，也就是 1980 年，林毅夫给在日本东京的表兄李建兴写了一封长信，叙说他到大陆后的观感及心中的抱负：

整个大陆正在以一个飞跃的速度向前进步，人民充满朝气和信心。我深深地相信，中华民族是有希望、有前途的。而作为一个中国人，是值得骄傲，是可以抬头挺胸昂立于世界之上的。基于对历史的癖好，我特地去参观了许多名胜古迹，但是长城的雄壮，故宫的华丽，并没有在我心里留下多少深刻的印象。最令我感到震撼的是，战国时代，秦李冰父子在成都所筑的都江堰。由于都江堰，使四川成为天府之国，而始建迄今已近三千年，但是它还在惠及众生。当我站在江边，听那滔滔的水声，真让我有大丈夫若不像李冰父子为后世子孙千万年之幸福，贡献一己之力量，实有愧此生之叹！

林毅夫在北京大学教书时，曾经这样向学生透露心迹："军人的理想是战死疆场，马革裹尸还，我最大的愿望是累死在书桌前。"

2008 年 12 月 23 日，中央电视台新闻评论部副主任、《东方时空》创建人之一陈虻因病离世，享年 47 岁。

有人在陈虻生前的办公桌上，摆放了一盆白菊，上面别着字条——"怀念你，怀念一个时代。"

敬一丹说，"求实、公正、平等、前卫"是新闻评论部成立之初的部训，当年那么多人冲着这八个字投奔过来，后来环境发生了那么多变化，很多人的职业使命感都淡了。陈虻是有道德力量的人，他始终在坚守，哪怕非常困难，哪怕只能守住一点点。陈虻想出来的那句"讲述老百姓自己的故事"，其实是那个年代《东方时空》很本质、很精髓的表达。那不是一闪念冒出来的，那是他长久思索，在某种启示下得来的。

崔永元说，1993 年开始新闻改革，出现《东方时空》，好的报纸、杂志都不再轻视电视台了，觉得电视台有点像样的节目，有点有头脑的人了，等于是给整个中国电视争了脸。当时我们在一起工作，每一拨人都觉得自己是最好的，大家全在较劲。我很怀念那段日子，现在没人和你较劲，自己和自己都较不起劲。但陈虻较劲，一直较到最后。

这个时代的人

一个人学着干点寂寞但有意义的事，别天天想着干点什么来换什么，别天天想着取悦谁，讨谁高兴。别抖小机灵，老老实实在节目里卖傻力气、下死功夫——这些是陈虻教给我们的。

陈虻是一个特傻的人，特别傻，看起来很精明，实际上憨厚得不行。他的长头发、他的箴言一样的话语风格，让人误以为他是活得非常逍遥、丰富的人。其实根本不是，他生活得特别单调。你要是看到他讲课时那个傻劲、他审片时那个表情，你就知道这个人不可救药。

在中央电视台《东方时空》开播后的几年里，各个栏目组的争吵天天都有，大家对事不对人，真理越辩越明，一个节目该怎么做，向东还是向西，面红耳赤，但节目就这样上了台阶。

白岩松记得，那时的制片人时间常常为某个节目的问题大光其火，甚至严厉到当场让编导掉下眼泪的地步；反过来也常常如此，一群部下开会时将时间批得哑口无言是经常上演的情节。但这就是当时特有的电视创作环境，内部拥有着难得的民主与自由。往往在发生争吵的几个小时之后，大家又一起吃饭喝酒，就跟没事一样。

然而，不知从何时起，争吵消失了，空气中充满着和谐。以致有一天，已经轮为《东方时空》牵头人的白岩松终于忍不住了，面对半屋子的年轻同事们发问："为什么你们永远不说不？为什么你们不对自己不认可的东西表达愤怒？为什么你们不认为：不，应当这么做！"

2008 年中央电视台举办年会，轮到白岩松上台发言，他就说了几句话，其中一句是"我们忠诚的是新闻，不是任何领导"。底下坐的都是领导，悄然无声。

在白岩松的眼里，新闻报道只有好坏之分，没有正面报道和负面报道之分。他在接受《南方周末》记者张英采访时，作了这样一番解释：

朱镕基总理 1998 年与我们面对面小范围座谈，他说正面报道占多少合适？我看 51% 控股就好了嘛！

很多年前丁关根当中央宣传部长的时候，有一个七八个人的座谈，丁部长问：你们《焦点访谈》一个星期是怎么配备的？然后说三天正面的、三天负面的，一天中性的是随机的，结果丁部长反应特快，说了一句："在我看来七天都是正面的。"就看我们传媒人怎么来理解这句话。如果你所有的报道都是建设的、积极的、满怀感情的，推动这个国家变得更好的话，即便是有人以为的负面报道，不同样是正面报道吗？

如果天天都只是大家以为的正面报道，但慢慢麻醉了这个时代，麻醉了一代又一代的年轻人，丧失了所有的危机感，只呈现某种虚假的好，但真正的不好没被像啄木鸟一样给叼出来并且改正的话，这个正面报道从历史的角度看，不就是负面报道吗？

所以我们这个时代到了要去思考这个问题的时候了，不存在正面报道和负面报道的问题。所有的报道只要是好报道，社会效果好，都是正面报道，因为有助于国家的进步。

白岩松说，新闻人的收入历来由两部分构成：一部分是工资，这个真的很抱歉，如果单论工资，新闻绝不是社会中很好的职业，在全世界媒体人的工资永远都是中等水平，中上都谈不到，香港、日本、美国都如此；吸引很多新闻人留下来，而且干得津津有味的是第二份收入，那就是卑微的成就感，推动社会前进的成就感。所以，他一方面希望新闻继续改革，以便让所有的从业者继续能够隔一段时间享有第二份收入；另一方面也希望媒体人能在第一份收入不那么吸引你的时候，也会为第二份收入而奋斗。

白岩松说，在他的生活中，既见过很多已经老了的年轻人，也见过很多年轻的老人，所以，年纪不是最重要的。

2011 年 12 月 10 日，《南方周末》主办的"2011 中国梦践行者致敬盛典"在广州大剧院举行。胡耀邦之子胡德平为白岩松颁奖时，感谢白岩松在节目中讲常识、讲道义。白岩松则回应："作为一个 1989 年夏天毕业的大学生，我们与胡德平先生的家庭始终有一种不是血缘关系的血缘关系。"现场掌声雷动。

曾任胡耀邦政治秘书的刘崇文回忆——1987年初下台后，胡耀邦先是清理了这些年的讲话稿，然后就读马恩全集，前后8个月，闭门谢客。后来到天津休养，李瑞环说他政治作用已经消失，要他找点精神寄托，他就作诗、写字。他问我：你说我还可以干点什么？我想了一夜，第二天同他说：作诗写字作为一种修心养性的事，茶余饭后做做是可以的，但想在这方面做出成就，留下什么东西就很难了。正经还是把你的这段历史留下来，特别是三中全会后处于中国这样的一个大国大党的领导地位的这段经历留下来，这是非常有价值的。他说，我在中央工作的这段时间，也可以说是历史的重大转折关头，情况错综复杂，意见不尽相同，我经历了不少事情，面临着艰难的抉择。我希望如实地把这些事情说清楚，记录下来以备查证。

曾任中国科技大学校长的朱清时，为在深圳筹办南方科技大学历尽艰辛。在等待教育部批复3年无果后，朱清时决定南方科大自主招生、自主办学、自发文凭与学位。他说，全世界的高校都是自己在授学位，只有我们是国家授予学位，南方科大要"背水一战"，学校搞不好就完蛋，学生就不来考你，社会就不承认你，这样才能焕发学校的活力。老领导批评他，"你呀，挖了个去行政化的坑就跳进去了。"朱清时自己说，"我是个理想主义者，怀着高校改革的梦。"旁观者则评价："南方科大这件事朱清时要是做成了是英雄，失败了也是悲剧英雄。"

上海师范大学历史系教授萧功秦说："一个对自己民族怀抱着真挚的爱心与理想的人，当他又同时具有了现实主义的精神时，他便是一个真正的理想主义者。"

在2012年8月出版的《超越左右激进主义：走出中国转型的困境》一书的《自序》中，萧功秦提到一位侨居于某一发达国家的朋友的来信。信中说，他总觉得他生活的那个国度对知识分子来说是很乏味的地方。"因为没有什么能引发争议的大议题，这个地方既没有理想，也没有可能危及国家制度的社会矛盾。很多时候感觉历史是静止的。虽然对老百姓来说，过日子是最好不过了。"他还自我解嘲地说，他们那里的生活已经"退化"

到乏味的地步，并且又乏味到了需要"进口革命家"这条"鲶鱼"来改变他们的生活了。他最后写道："身在中国，做知识分子，做学问，有时候想想也挺幸运的，你不会太闲。"

萧功秦随后说："我们谁都无法选择自己所处的时代，但你不能不承认，我们的时代注定是一个使你的人生意义十分丰富的时代，是一个鲜活的充满色彩的改革时代，但绝不应该是个革命的时代。"

《第一财经日报》总编辑秦朔说，在中国这样一个时代和国度，你可以经常去抱怨政府，但是你不能抱怨这样一个国度，或抱怨这样一个时代，因为它是一个供我们成长的机会。

2006年，国家图书馆名誉馆长任继愈接受《中国青年》记者采访时，对年轻一代提出忠告："我在教书的过程中深有感触，现在的青年对实际利益看得过重，空想太少，不够浪漫、理想。我不提倡吃苦，但年轻人要经得起吃苦，培养独立思考的精神。我主张年轻人在解决生活问题之后，眼光要放长远一点，要有自己的个性。人生是万米长跑，不要只看到前面的100米，不要只顾眼前利益。年轻人现在做工作要更多地考虑今后的发展，考虑自己是否能在这个领域做出成绩，为社会做出贡献。

年轻人要有一点理想，甚至有一点幻想都不怕，不要太现实了，一个青年太现实了，没有出息。只顾眼前，缺乏理想，就没有发展前途。这个地方工资待遇1000元，那个地方待遇1200元，就奔了去，另有待遇更多的，再换工作岗位，不考虑工作性质，缺乏敬业精神，这很不好。小到个人，大到国家，都要有远大理想。没有远大理想的青年没有发展前途；没有远大理想的民族，难以屹立于世界民族之林，早晚会被淘汰。"

任继愈说，我始终记着我的老师熊十力先生的勉励："做学问就要做第一流的学者，要像上战场一样，义无反顾，富贵利禄不能动其心，艰难挫折不能乱其气。"

任继愈说："历史上有很多书，号称学术著作，却没有学术性；号称科

这个时代的人

学著作，却没有科学性。因缘时会，也曾行时过一阵子。时过境迁，便被人遗忘得干干净净。主持这个淘汰选择的就是广大读者。天地间之大公无过于是者。我自己写书，希望它的'寿命'能长一点。"

在给女儿任远的信中，他又说："读点历史，使人懂得'风物长宜放眼量'，不能用一时的行时或冷落来评量学术上的是非。有了这样的认识，心胸可以放得开一些，不至于追逐时尚，陷于庸俗。"

学者王元化对后辈问学的要求是：精研学问，不赶时髦，"为学不作媚时语"。

开国上将张爱萍之子张胜在《从战争中走来——两代军人的对话》中提到，1989年之后，张爱萍在报纸上看到重走集体化道路的河南南街村，创造"没有腐败"、"共同富裕"等奇迹，便给《人民日报》和中央电视台写信，《人民日报》刊登了他的来信，中央电视台却没有播出，于是执拗的张爱萍自己去了南街村考察。

张胜回忆说，父亲还给中央相关同志直接通了电话，但对方"没有明确的态度"。儿子跟父亲也有分歧："你这样起劲地为它（南街村）奔走，难道它真的是今后的方向吗？""我觉得父亲真的已经老了，他已经不能敏锐地洞察周围的政治气候了，他显得是那样固执，那样的天真，那样的不合潮流。"

经济学者樊纲说，人是应该有"野心"的。从政的如果没有野心，只想混个官阶，那他的选择就是小心翼翼地处理好本单位的人际关系，做出一幅忠诚样，以求得到提拔；而不是通读《资治通鉴》，探求理想的实现。前者即便爬到高位，也成不了成就功业的大政治家；后者敢作敢为，虽然未必成功，但为大政治家的产生提供了可能。从商也是一样，如果只想日子过得好一点，做一些风险不大、利润也不大的买卖，而不是考虑做一些别人未尝试的事情、创新、发展，把财富的获取作为事业和目标，那他也成不了大企业家。

在孔雀舞者杨丽萍眼里，艺术和商业并不矛盾。"创作前期，我自己出钱，才可以做自己想做的事。现在，你被认可了，钱也就会来了，这也未必是坏事。"杨丽萍说，"一个商业的行为就能影响到艺术吗？那你有那么脆弱吗？给我再多的钱，我也不会迷失方向。"

她说："我不拒绝商业。不管是跳舞也好，还是其他艺术门类也好，就像种庄稼一样：种的过程就是挖地、播种、收割，然后需要卖出去，而只要用心耕种就能吃饱，这是一个自然的过程。"

2010年9月27日，万通董事长冯仑在搜狐企业家论坛上表示，作为一个成功的企业家，最重要的是三件事：第一是看别人看不见的东西，第二是算别人算不清的账，第三是做别人不做的事。而坚持正确的价值观，就能引导你做到这三件事。怎么样坚持正确的价值观呢？他的解释是，追求理想、顺便金钱，而不是追求金钱、顺便理想。理想每个人都可以自定义，自定义超越金钱的价值观。

2011年11月24日晚，冯仑在为他的新书《理想丰满》举行发布会时说："我从学校毕业以后做生意，20多年来为什么最后还能坚持下来？是因为心中有理想，有价值观念。理想是黑暗隧道里的一点光明，每个人心里都要有一点明亮的东西，才能在黑暗中坚持。"

冯仑在一次演讲中，提到IT（信息技术）行业出现过的故事：IT业第一次泡沫破灭时，很多海归都觉得不行了，都卷起铺盖走人了，说中国IT有三件事解决不了，第一银行不能结算，第二没有物流，第三中国互联网基础设施不好，宽带没有，法律不健全。留下来的是阿里巴巴、百度，今天这些人成功了。当时那些聪明的人为什么走了？他们没有理想，只知道算账，觉得这种职业赚不到钱就走了。另外一些人是带着梦想来的，比如李彦宏在美国时就研究搜索引擎，他回来创业，就是要在中国把这个事做起来。有人看见了困难，有人看见了机会，看见机会的人是因为心里有梦想，而走的人心里装的是金钱，差别就这一点点。所以梦想会让你有远见，让你眼光独到。

北京大学教授季羡林告诉晚辈：你们的生命只有和民族的命运融合在一起才有价值，离开民族大业的个人追求，总是渺小的。

季羡林说："我觉得，在地球上凸出一些高山，仅仅一次出现；但它们将永恒存在，而且是不可超越的。在人类文学史和学术史上，不论中外，有时候会出现一些伟大诗人和学者，他们也仅仅一次出现；但他们也将永恒存在，而且不可超越。论高山，比如喜马拉雅山、泰山、华山等等都是；论诗人，中国的屈原、李白、杜甫等，西方的但丁、莎士比亚、歌德等等都是；论学者或思想家，中国的孔子、司马迁、司马光以及明清两代的黄宗羲、顾炎武、戴震、王引之父子、钱大昕等等都是。画家、书法家、音乐家也可以举出一些来。他们都是仅仅一次出现的，他们如同高山，也是不可超越的。赵瓯北的诗：'江山代有才人出，各领风骚数百年'。历史已经证明了，这个说法是站不住脚的。"

1998 年的一天，胡舒立接到了中国证券市场研究设计中心负责人王波明的电话。王波明说，他准备办一份杂志，想让胡舒立来运作。胡舒立提出了两个条件：王波明永远不能干涉她的编辑部；提供一个 200 万元人民币的预算，用以支付严肃报道的差旅费用，以及给记者们提供高到能够防止他们收受贿赂的工资。王波明同意了，很快《财经》杂志创刊。

新闻的易碎性是胡舒立常讲的话题，也是客观存在。正是知道了新闻易碎，她才说，"我是个有梦的人，在中国不断进步同时又充满复杂性当中，我们干的很带劲"；"作为时代的记录员，在每个时期写的作品，固然有那个时期的历史局限，但要寻求超越，从而能够经得起更长时期的历史考验"；"好的记者一生的追求，正是让新闻不碎"。

胡舒立主张媒体应该奉行不迎合原则，她解释："人对信息的需求，其实每个人的欲望有很多层次，我不是提供你欲望当中最低的层次所需要的东西，而是提供你应该知道的东西，这就是不迎合。"

长期在新华社工作的杨继绳说："我当记者时，就很羡慕美国记者约翰·里德写出《震撼世界的十天》。另一个美国记者说过：我看到历史在我面前爆炸，我将爆炸的历史变成永恒。这些对我鼓舞很大。当记者一定要写重大事件。"

《南方都市报》记者田志凌问中央电视台记者柴静："你是一个理想主义者吗？"柴静答："我有理想，但不算有主义吧。什么东西一旦变成主义就麻烦了。比如我相信理性的力量。甚至我知道理性可能暂时落败，但还相信它会一点点成长。"

一天夜里，0：40分，《新闻调查》编导郝俊英在 MSN 上与柴静交流完对选题的看法，写了句："谁知道我们在这深夜里在干些什么啊！"。柴静回话说："眼睛热了一下，为了那渺茫而认真的理想吧！"

范铭是与柴静合作多年的同事，她在一次演讲中说，要看见新闻中的人，更要看见人背后的时代，自己的工作就是要为这个时代"结绳记事"。

柴静说，作为一个记者，她认同打假斗士方舟子的"对真相要有洁癖"的说法，因为真相不能附加任何前提，不能强制要求真相长着一张慈眉善目的脸，那样的结果很可能是普遍虚伪的产生。

自 2003 年开始，中山大学教授艾晓明秉承艺术直接和社会变革联系在一起的理念，拍摄了大量的纪录片。她说："我的纪录片可能留下了关于这个时代的一些影像，对于今天的人可能没什么用，但是也许这个社会要延续，这个国家的人要延续，也许有一天，就像走进一个人已死去的房间——那个时候我也死了，他们发现这里有一些录像带，还发现这些录像带他们可以使用，并且是有点重要的录像，从中还找到一些共鸣。如此情景，大抵算是我们今天工作的意义。就是说，在这个时代，做一个捡拾记忆或者守护记忆的人，我们做了一些可能的工作。"

电影导演贾樟柯的多部作品，都将镜头对准了当下的社会。在接受《南方人物周刊》记者余楠采访时，他做出了这样的解释："我是学电影理论的，我希望我的电影共同构成一个时代的过程，虽然是片面的、一个导演目光中的时代，但我希望它是完整的。多年之后观众再看，还能够感受到上世纪的 70 年代末、80 年代、90 年代……一个导演目光中的变化中国，这是我的理想境界。"

76 岁的前中国社会科学院副院长刘吉做客优米网，与年轻人聊天时，谈到自己的人生追求："我真的想写一本叫做传世之作，人一生中作为学者知识分子总想本传世之作，哪怕有一首诗传下来也是很了不起的是不是？像李白、杜甫的诗传下来。'谁知盘中餐，粒粒皆辛苦'，谁写的？有的人不一定知道，但是这首诗传下来，还是对人类对中华民族做了贡献了。我自己能不能做到我不敢说，因为也要有很高的功底很高的知识。"

画家吴冠中平时也不梳头，也不照镜子，所以他说对自己的脸反倒不很认识，但"我的学生都想画我的像，我说我的人没什么可留下来的，只想把作品留下来"。

作家张正隆说，一切都是身外物，能够留得下来的才是好东西。活到老，学到老，写到老。作家的（而非人的）生命，是在作品被遗忘时结束的。我是把每部作品都当成自己的孩子的，谁不希望自己的孩子健壮、漂亮、长命百岁呀？只是能否如此这般，有时也是身不由己的。

学者李泽厚说，学问上的事情，最重要的还是要经得起时间的考验，一本书，一篇文章，轰动一时不算什么，如果过了二十年、三十年还有人看，还有人买，那才是值得高兴的事。

有人曾说李泽厚"杂"，又是中国思想史，又是外国哲学，又是美学……，对此李泽厚欣然接受，"因为我从来不想做一生治一经的'专家'。据史载，这种专家就四个字可以写上数万言，这当然很可以自炫，但我确无此本领。

我倒是觉得，今天固然不可能再出现一个如亚里士多德那样的百科全书式的学者，科学分工愈来愈细。但另方面也要看到，今天我们正处在边缘科学方兴未艾、各科知识日益沟通溶合的新历史时期，自然科学如此，人文社会科学亦然。中国文史哲素来不分，这其实是个好传统。如今（至少是目前）好些中、青年同仁在知识方面的主要问题，恐怕也不在于杂、多、乱，倒是在狭、少、贫。而古今中外，第一流的哲学社会科学名家都几乎无一不是知识极为广博，能多方面著书立说的。取法乎上，仅得乎中，虽不能至，心向往之。我以为，一方面确乎应该提倡狭而深的专题研究和狭而深的专家学者，但另方面也不应排斥可以有更高更大的目标，特别是对搞理论的同仁来说，更加如此。我自恨太不'杂'，例如对现代自然科学知识太少，没有发言权，否则我想自己的研究工作将另是一番天地。"

在 2000 年 3 月 15 日的记者会上，一位丹麦记者向朱镕基提问："总理先生，您的任期已经过半，您希望中国人民在您离任之后最记得您的到底是哪个方面？"朱镕基回答："我只希望在我卸任以后，全国人民能说一句，他是一个清官，不是贪官，我就很满意了。如果他们再慷慨一点，说朱镕基还是办了一点实事，我就谢天谢地了。"

2011 年 8 月 21 日下午，中国国家副主席习近平与美国副总统约瑟夫·拜登一起，参观了四川都江堰青城山高级中学。在一堂英语课上，学校的老师和学生围成半圆形，与两位领导人进行对话。习近平引述毛泽东曾教导学生的话说："世界是你们的，也是我们的，但是归根结底是你们的。你们青年人朝气蓬勃，正在兴旺时期，好像早晨八九点钟的太阳。希望寄托在你们身上。"

2011 年 12 月 22 日，正在越南访问的习近平，同越共中央书记处常务书记黎鸿英一起，共同会见两国青年代表。习近平在致辞中说："见到大家，使我想起青年时代最喜爱唱的一首《毕业歌》。歌里这样唱道：我们今天是桃李芬芳，明天是社会的栋梁。中越两国青年也是这样，你们将来都会成为两国社会的栋梁。"

2011 年 10 月 25 日下午，国务院总理温家宝回到了他的母校天津南开中学。在与学校的师生们谈心时，他谈到了自己的成长经历，谈到了过往的奋斗历程，也谈到了中国目前的现状。他寄语在座的青年师生："我十分清楚，实现现代化目标，任务还十分艰巨，需要许多代人的长期艰苦奋斗。这一历史任务必将落在你们青年人肩上。未来是属于青年的。青年兴则国家兴，青年强则国家强。但愿青年朋友们以青春之人生，创造青春之中国、青春之社会，实现中华民族的伟大复兴。"

李瑞环从 1986 年开始主持音配像的工作，也就是给现存的京剧录音带配上演员的表演，把京剧黄金时代的演出面貌留传下来。这项工作旷日持久，他"甚至多次想过，音配像这件事我能不能搞完，音配像最后的庆功会我能不能参加"。直到 2007 年，所有能找到的戏曲录音资料终于配完，一共有 460 出。在庆功会上，李瑞环对演员们感慨："音配像是百年大计，你们的名字都在上面，100 年后，人们都记得你们。100 年后，谁会记得李瑞环啊？！"

2011 年 6 月，北京大学教授龚祥瑞尘封 16 年之久的自传《盲人奥里翁》出版。他说："盲人奥里翁是一颗星座，他摸索着，向着朝阳前进。当太阳出来时，他黯然消失在空中，等待他的是无穷无尽的昼夜。我非常的像他。"又说："本人既不想迎合您——高贵的读者；也不想讨好官方——绝对的权威；更不想为所经历的表面不同、实质相似的社会妄加歌颂或诅咒，而只想反映自己内心世界的一鳞半爪的感受。"

台湾诗人席慕容说，她写诗的时候，不会在意别人喜欢或是不喜欢，当然喜欢你还是很欢迎，没有人会说我不要你喜欢我，这种事情是不会发生的，但"我只有我自己，我的唯一的读者是我自己"。

武汉大学老校长刘道玉挚爱教育，认为这是值得为之献身的伟大事业。他在接受《新京报》记者朱桂英采访时，引用教育家陶行知先生的话："教师的成功是创造出值得自己崇拜的人，先生之最大的快乐，是创造出值得自己崇拜的学生。"他说自己对此有切身体会，他从学校培养出来的大量成功的学生中，获得了无限的快乐和幸福！

刘道玉认为，一个大学校长应当是理想主义者，唯有理想主义的校长才能培养出有理想的学生。一个大学校长又必须是思想家，唯有思想家才知道教育需要变革什么和变革的契机，不断引导学校前进。

刘道玉说，他的这个想法虽然产生于瞬间，但它却是符合教育发展规律的。其实，这种理想主义的大学校长，在世界高等教育发展的历史上并不少见，例如担任哈佛大学校长40年之久的查尔斯·艾略特，英国都柏林大学创始人约翰·纽曼，日本庆应义大学创始人福泽渝吉，德国洪堡大学校长威廉·洪堡，以色列建国前希伯来大学创始人哈伊姆·魏茨曼等，他们都是风骨凛然的教育家，如果没有他们的出现，兴许这些国家甚至是世界的教育状况将是另外一种样子。我国20世纪初期的蔡元培和梅贻琦，也是属于这样的教育家，他们的远见卓识至今仍然被人们所传颂。

刘道玉遇到几个年轻教授，他们实在看不惯大学中肮脏龌龊的现象，准备辞职去西藏面壁一年，思考大学何以沦落到如此地步？

刘道玉问他们："此举能否感动国家教育当局？能否改变大学的现状？如果能够，我也与你们一起去面壁。否则，没有必要做这样无谓的牺牲。"

他们问应当怎么办？刘道玉建议说：第一，要洁身自好，绝不与歪风邪气同流合污；第二，要以更严肃认真的态度做好教学与研究工作，教书育人，不辱使命；第三，坚持真理，抨击腐败，斥责官僚主义，扶持弱势群体，自觉地肩负起知识分子的使命。

南京大学历史系教授高华在《红太阳是怎样升起的：延安整风运动的来龙去脉》一书的出版后记中写道："我难以忘怀过去岁月留下的精神记忆，刘知几云，治史要具史才、史学、史识，其最重要之处就是秉笔直书，'在齐太史简，在晋董狐笔'。我难以忘记1979年在课堂上听老师讲授司马迁《报任安书》时内心所引起的激动，我也时时忆及范文澜先生对史学后进的教诲：板凳甘坐十年冷，文章不写一字空。所有这些都促使我跳出僵硬教条的束缚，努力发挥出自己的主体意识，让思想真正自由起来。"

高华从事的中共党史研究经常引发争议，对此他很无奈，只好用一句南京方言口头禅应对，叫做"烦不了"（管不了那么多），因为"实在没有别的选择，我的个性没法让我放弃追究真相、说出真相，这是我的宿命，我认了"。

2011年12月26日，高华因病逝世，享年57岁。在高华的追思会上，上海师范大学教授萧功秦发言说："我觉得他有一种儒家所具有的那种边缘化的生活状态。他没有进入体制。他虽然在体制里生活，但是他和体制保持相当的距离。他从来没有申报过官方的课题。他在这种边缘状态当中，自得其乐。'一箪食，一瓢饮，在陋巷，人不堪其忧，回也不改其乐'，这种在边缘状态那种自得其乐，就是儒家精神，在他身上体现得非常突出。"

在高华生前，萧功秦还劝慰过他："我说人生来是有限的，也许你可能比我早走，我们很多人比你晚走，十年二十年都有可能，但是，从生命的历史长河来说，按照十亿年这个生命历程来说，十年不过就是一秒钟。我们只是比你晚走一秒钟而已。但是你的这本书，却是有超越一个人的人生生命时间长度的价值。"

2009年8月，身患重病的高华回顾起自己从事"革命年代"研究的心路历程——说来还得感谢我所经历的那个年代：革命年代，既有大震动、大改组、大破坏，也意味着风卷残云、摧枯拉朽，其间有血泪、痛苦、死亡；也有激情和理想，我等有幸或不幸生长在这个年代，它给了我巨大的冲击，也给了我动力和人生的坐标，我和我的那些理想主义的朋友们从此注定了不会为了功名利禄去做研究，也不会心如死水，像研究古董那样去回望过去。

进入新世纪后，资本和权力的扩张使得思考的空间更显逼仄，面对着渗入到大学校园的项目化、数字化、标准化的压力，只能自我放逐，而埋头读书和研究，成了自我超越的唯一途径，也是最适合自己的生活方式。

作家贾平凹在接受《南方周末》记者张英采访时说：人一生都要有希望要有梦想。

但人心是没有尽头的，梦想也没有尽头，一旦实现了这个梦想，就继续着另一个梦想。比如现在作为一个作家，出了那么多书，名气也有，房子也有，政治地位也有。但从文学的意义上讲，我和伟大作家相比差太远了，为什么现在还在写，我老觉得好像自己还没写出满意的东西。

成名不一定就成功。我越来越觉得自己才学会写作，但是精力不够了。有时想的好得很，表现的时候就写不出来，那种焦虑，那种自己恨自己的情绪，时常影响着我。

这个时代的中国，在我有限的生命经历中，相对来说是最好的时候。大家怀着个人的抱负，个人的梦想，在这个社会中实现自己，不断地追求创造，户口并没有把你限制到某一个地方，某一个部门，你愿意干你就干，只要你有才，你有才能就能发挥，实现自己的人生价值。

但如果要更好的人才出现，更好的梦实现，我觉得整个国家要提供一个更宽松、更开放性的大环境，越是这样，良性循环，梦实现得更好一点。

文学在某种程度上，它是枪杆性的东西，它和整个社会现实还有些摩擦，有些碰撞，会遭遇到有些不顺的东西。但是，作为一个作家和他的作品，他实际上都在呼唤人活得更好一些，这个社会更美好一点，总是这种愿望。

1986年3月，作家聂绀弩去世之前，生病并发烧到39度。家人要送他上医院，他却死死地抓住小床的栏杆，怎样也不肯走，并说："只要让我把《贾宝玉论》这篇文章写出来，你们把我送到哪里都可以，怎么处置都行，送到阎王殿也可以。"

莫言认为，一个作家，一辈子其实只能干一件事：把自己的血肉，连同自己的灵魂，转移到自己的作品中去。在他看来，作家就是一个职业，而且这个职业既不神秘，也不高贵。

自由撰稿人余世存向人抱怨："我们这一代知识分子很多都消融到生活里去了，既不立功也不立言。台湾学者龙应台说她和内地学者吃了几十顿饭，发现他们很可怜，总在谈论孩子、房子、车子，他们没有知识分子话题。"余世存说自己内心很分裂，从人性的角度，绝对应该跟犬儒知识界决裂，只是自己没有勇气。

华中科技大学教授张培刚是发展经济学的奠基人之一，他说一辈子写了许多书和文章，最值得一提的，就是一本书《农业与工业化》和一篇论文《发展经济学该往何处去》。有人问他："你认为中国经济学界还能出大师吗？"张培刚回答说："学术风气很不好，当官的如果不带头克服掉浮躁和功利之风，很难！没个三五十年不行。"

清华大学建筑学院教授吴良镛说，工作最要紧的还是一种追求、一种责任感，希望在可能的范围内做到更好。中国有句话叫"止于至善"，我不敢说总能这样，但是在力所能及的情况下，还是要努力，就像跳一跳就可以把高处的一个苹果给拿下来一样。不要因为自己的努力不够，没有把事情做好，有时候回过头来会感觉到有遗憾的。

作家梁晓声抱怨："西方人已经谈到，就是全人类的文化都已经丧失了力度，这就是诺贝尔文学奖为什么要给拉美国家，它有着一种文学的新的活力。像欧美发达国家，越发达的国家，瑞典什么的，它除了产生童话，就不产生这样的作品。但是按说我们的国家应该是产生一拿出都让人觉得震慑的现实题材的作品。这块土地上虽然没有战争，但是也应该产生这样的作品。而我们从文学到影视作品，都处在一种温吞水的状态。没有力度，没有深刻，没有温暖，也没有西方作品中那种宗教般的真诚。我们只不过是在用文字描摹那种可描摹的现实表象，我们都看到了自身的局限性，有能力的局限性，同时也有客观的局限性。"

"说到底，我们是过渡时期的一些写作者们，我们身上打上了过渡时期的烙印，因此要对得起我们在过渡时期也曾经写作过的经历。"梁晓声说。

《南方周末》老主编左方认为，从容是办报的最高境界——"我对从容的理解是作为一个报人，要做到从容，首先对现实要吃透，第二对党的政策要吃透，第三要有很敏感的新闻触角，第四要有很敏锐的政治判断力。但是要真正做到从容，有这四条是远远不够的，最根本的是要有一个政治家的胸怀：有些稿件受到上面的表扬，我们不要沾沾自喜，很可能仅是适应了当时某种政治需要，在历史上是篇完全没有价值的新闻；我们受到处分时不要惊慌，很可能受处分的这篇报道在历史上是最有价值的新闻。"

在舒乙看来，大师级的传世作品一定是精雕细琢的，那种快餐产品只能昙花一现。他举父亲老舍先生的例子：老舍先生写得非常慢，非常艰难，字斟句酌。当时有些编辑爱改作家的稿子，老舍先生非常生气，曾经公开谴责："请不要改我的稿子。我稿子里的每个字、每个标点都经过仔细推敲。只有你们不懂，而不是我的错。"可后来他们依旧改，老舍先生开始骂人了："凡是改我稿子的人，男盗女娼！"

宋史学者邓广铭对正式发表的文字，从来都是字斟句酌，决不苟且，所以就不能容忍别人改动他的文稿。他常对出版社或报刊的编辑提出这样的要求："可以提出修改意见，也可以全稿废弃不用；但希望不要在字里行间，作一字的增删。"

80 年代的时候，年纪轻轻的翁永曦就开始担任中央农村政策研究室副主任，后因故下海经商。2011 年 11 月，已经不再年轻的他在一场研讨会上发言说："历史很长，人生很短，我就在问翁永曦到底要什么，我觉得这一辈子只要活得明白、活得坦荡、活得没有遗憾就不错了。活得明白特别重要，如果不能趁自己还有几口气的时候，把一些自己不明白的事情想清楚或者弄清楚，带着很多困惑和成见偏见告别这个世界，太遗憾了，所以我在清理自己，包括我们党的历史有很多假的东西我都不知道，所以我就在清理自己。"

在《今夜的孤独》一书中，作家陈村写道，写文章是自己和自己的游戏，人们睡了，鸟也睡了，电脑陪我一起醒着，将要读我书的人和不读我书的人，正在梦中。书是很难比梦更精彩的，而我却将书当成自己的梦。

有人问作家冰心，她对自己的哪个作品最满意？冰心回答，作品是她的

"孩子"，她没有偏爱哪个"孩子"，因此也就很难说自己对哪个作品最满意。

1951 年出生的中国人民大学教授温铁军，向《文汇报》记者叙说自己的过往经历：

"'文化大革命'刚开始的时候，我才十五岁。大学生们在楼外武斗，我把自己关在屋子里，一本接一本地看书。到武斗结束我钻出来，几乎不能适应外面的斗争世界。要不，我父亲怎么从小就叫我傻子。"

"1985 年我组织了一个摩托车队，用 4 个月的时间，沿着黄河从源头跑到入海口，从头到尾跑下来的只我一个人。回想起来，很多情境是在历险。比如在沙漠里边，摩托车是开不动的，只能推。我的同伴都比我年轻，但都走不动了，趴在沙子上一动不动。我骂他们、打他们、踢他们，硬逼着他们往前走。好玄在天黑之前走出了沙漠。到了有人烟的地方，他们说：'老温哪，多亏了你！要不，哥几个得死在沙漠里边。'"

"苏东解体的时候，我正在美国哥伦比亚大学进修，很多人都说：'Next is China（下一个就是中国）！'我说：'No way（没门儿）！'但是我说不清楚为什么没门儿，所以就独自背着背包到苏东考察。我当时在美国用 150 美元买了一张欧洲通票，可以在欧洲随便坐火车。为了省钱，我大都是在火车上过夜。那时候，欧洲人都猜我是日本人、韩国人，当知道我是北京人的时候，他们非常惊讶，不认为中国大陆的人有能力到欧洲旅游。为了不让咱丢脸，我也买一罐可乐，喝完以后，用可乐罐灌上凉水，走哪儿都是一袋面包一袋胡萝卜。40 多天，转了 3 个西欧和 7 个苏东国家。回国一看，花了不到 2000 美元就绕地球一圈，这在今天是不可想象的。之所以坚持下来，是因为小时候学过一篇课文《为学》，那里的故事说：蜀之鄙有二僧，其一贫，其一富。贫者语于富者曰：'吾欲之南海，何如？'富者曰：'子何恃而往？'曰：'吾一瓶一钵足矣。'"

温铁军一直从事"三农"问题研究，他强调"三农"的顺序不是"农业、农村、农民"，而是"农民、农村、农业"，农民在"三农"问题中是第一位的。"这些年去看了几十个国家的农村、贫民窟、游击队地区。想更好地做学问，一定要实地考察，这样才有真正意义上的国际比较。这不全因为我对农民的感情深，而是我们这一代人从小所受的教育让我觉得有责任。"他说。

1998 年，已届 88 岁高龄的北京大学中文系教授林庚，在接受记者采访时说："我这个人一生文章写得并不太多，但是我每发表一个东西的时候，我都是准备挨批的，准备人家反驳的，我把所有可能被人家反驳的地方都想到了，然后我才敢把这篇文章拿出去发表，所以按我活的这个岁数跟我发表文章这个数量相比，我发表文章的数量是很少的，但是我每篇文章到现在拿出来还是驳不倒的。"

中国社会科学院哲学研究所研究员周国平说："我想搞哲学有几种方式。像在哲学史上留下大名的这些大哲学家，基本上都是创建哲学体系的哲学家，他们都有自己的一个完整体系，西方哲学尤其是这样。现在也有人想这样做，也想建立自己的体系。我自己有自知之明，我觉得我不是这块材料。"

1988 年，作家陈忠实回到陕西关中西蒋村老家的祖居，用整整四年的时间，创作长篇小说《白鹿原》，他要对自己苦苦追求了大半生的文学有一个交代。陈忠实后来回忆《白鹿原》完成时的心情：

那天应该是农历腊月二十五。我记得很清楚，那天下午，就在西蒋村那个老房子里头写完最后一句话，划上标点符号。呀！那个感觉就是自己都不相信真的写完了，放下钢笔的那一瞬间，就是一种无知觉状态，好久好久……然后我就在沙发上坐着抽烟，抽烟的时候还是无知觉状态，自己都不可思议这四年是怎么过来的。终于走出来了，说不上什么激动，什么悲凉，就是说不出话的感觉，就是什么都不想说的感觉，一种完全茫然的感觉，坐了好长时间。

天快要黑下来的时候，我就出了门，出门以后我就从灞河河堤一直朝上走，大概能走出十华里远，一直走到河水贴着的白鹿原的北坡，再没有路可走，我坐在那个大堤的堤头抽烟。天空一片黑暗，河滩里一个人都看不到，也是一种没有什么感觉的状态，好像你扛着一个很重的行李走了好长时间路程，突然把这个东西扔掉了，扔掉后就是重负之后的一种轻松，心里唯一的一个意识就是我把一个活干完了，这个活累了我好多年，现在终于完了。

在那坐了一会儿以后，我又朝回走，走岔路口就要回家的时候，突然心里有一种好像意犹未尽的感觉，还不想一下子就回去，然后又坐在那个堤的尾巴上又抽烟，就在黑暗中，河风吹下来飕飕的，很冷。腊月是我们这个地方一年中温度最低的，而且是夜晚，我在那抽烟的时候，突然看见那个河草，河堤背面已经完全干枯的河草，我就把它点着了……我那一阵心情是最美的。

经济学者张五常在美国洛杉矶加州大学求学的时候，遇到了一位教经济历史的老师 Scoville。这位老师用十年的时间，只写了一本历史书，注脚的文字远比正文多，考查极其严谨与详尽。张五常问这样做是否值得，Scoville 回应道："我那本书的题材其实不是那么重要。我只是要回答一个问题。众人皆说昔日法国逼害新教徒对法国经济有很大的不良影响，我研究的结果说没有。最近一位法国史学家评论这本书，说在我之后法国这个老话题是不需要再研究了。学问的发展，总要有些人花时间去回答一些问题。如果我花十年能使后人不需要在同一问题上再下工夫，应该是值得的。"

张五常感慨道："这是学问的真谛，深深地影响了我，虽然后来作研究时，见到生命那么短暂，我要考虑很久一个问题的重要性才动工。"

在《求学奇遇记》一文中，张五常写道：学问这回事，一个人穷毕生之力，所得甚少。但少少的新意，只要有重量，大可勒碑志之。是的，思想可以比万里长城有更顽固的存在性。

学问茫茫大海；学者沧海一粟。一个学者希望争取到的只是那一粟能发出一点光亮罢了。

《战略与管理》是一份以国家的中长期问题为研究对象的杂志，按其创办者秦朝英的说法，男儿当报国，在当下就是要实现中国的现代化。为此，就需要有大批的人，尤其是官产学精英来从事中国的现代化研究，而《战略与管理》就是要为他们提供一个平台。

中国政法大学老校长江平说：我的中国梦，就是法治天下。

2010 年 6 月 20 日，53 岁的战略学者张文木在《中国需要经营和治理世界的经验》一文中写道："人是有双重生命即有现世的生命和来世的生命。步入天命之年的人，现世的功事大体都有了定数，而后世的修行，尤其是思想的传世价值还是'其修远兮'。文字是知识人生命中的生命。正如一杯清茶不能掺和猪油的道理一样，传世的文字不能带着现世俗风。如这时的人写文做事还有短期目的，那样来世生命将是非常短暂的。司马迁说：'人固有一死，死或重于泰山，或轻于鸿毛。'前者说的是人的现世，后者说的是人的来世。我常想，当历史进入 22 世纪的时候，我们今天的知识人能否给那个时代留下让人们愿意用生命保存并传承下去的文字呢？"

境界第八

　　2007 年 5 月 14 日，国务院总理温家宝在同济大学建筑城规学院钟厅向师生们作了一个即席演讲，其中讲道："一个民族有一些关注天空的人，他们才有希望；一个民族只是关心脚下的事情，那是没有未来的。我们的民族是大有希望的民族！我希望同学们经常地仰望天空，学会做人，学会思考，学会知识和技能，做一个关心世界和国家命运的人。"

　　同年 9 月 4 日，《人民日报》发表了温家宝的诗作《仰望星空》：

　　"我仰望星空，它是那样寥廓而深邃；

　　那无穷的真理，让我苦苦地求索、追随。

　　我仰望星空，它是那样庄严而圣洁；

　　那凛然的正义，让我充满热爱、感到敬畏。

　　我仰望星空，它是那样自由而宁静；

　　那博大的胸怀，让我的心灵栖息、依偎。

　　我仰望星空，它是那样壮丽而光辉；

　　那永恒的炽热，让我心中燃起希望的烈焰、响起春雷。"

2010 年 5 月 4 日，温家宝来到北京大学，与同学们共度"五四"青年节。该校书画协会会长李丹琳在活动现场，写下一幅"仰望星空"的书法作品，赠送给温家宝；温家宝也当即挥毫，写下了四个字回赠——"脚踏实地"。

2003 年 3 月 18 日，刚刚当选国务院总理的温家宝与中外记者见面，有德新社记者问他的工作风格会怎么样？温家宝回答说："大家普遍认为我是一个温和的人。但同时，我又是一个有信念、有主见、敢负责的人。在我当总理以后，我心里总默念着林则徐的两句诗：苟利国家生死以，岂因祸福避趋之。这就是我今后工作的态度。"

2008 年 3 月 18 日，刚刚获得连任的温家宝与中外记者见面时又说："5 年前，我曾面对大家立过誓言，苟利国家生死以，岂因祸福避趋之。今天我还想加上一句话，就是天变不足畏，祖宗不足法，人言不足恤。"

2012 年 3 月 14 日，温家宝在同样的场合，最后一次以总理的身份，回答记者提问时说："我秉承'苟利国家生死以，岂因祸福避趋之'的信念，为国家服务整整 45 年，我为国家、人民倾注了我全部的热情、心血和精力，没有谋过私利。我敢于面对人民、面对历史。知我罪我，其惟春秋。"

在 2012 年 3 月 14 日的记者会上，温家宝说，我担任总理已经 9 年了，这些年过得不易，也不平凡。在我担任总理期间，确实谣诼不断，我虽然不为所动，但是心里也不免感到有些痛苦。这种痛苦不是信而见疑、忠而被谤的痛苦，而是我独立的人格不为人们所理解，我对社会感到有点忧虑。

由于能力所限，再加上体制等各方面的原因，我的工作还有许多不足。虽然没有因为不负责任而造成任何一件事情上的失误，但是作为国家最高行政机关的负责人，对于我在任职期间中国经济和社会所发生的问题，我都负有责任。为此，我感到歉疚。在最后一年，我将像一匹负轭的老马，不到最后一刻绝不松套。努力以新的成绩弥补我工作上的缺憾，以得到人民的谅解和宽恕。

他表示："入则恳恳以尽忠，出则谦谦以自悔。我将坚守这个做人的原则，并把希望留给后人。我相信，他们一定会比我做得更好。"

这个时代的人

2008 年 5 月 4 日，温家宝来到中国政法大学，与大家一起共度青年节。他说："对于一个学法的人来讲，最重要的就是要有对国家、对人民、对社会的高度责任感，要有一颗公正的心，要爱我们这个国家。这不仅是做人的良知，而且是你们由于懂法的要义而产生的对自己的终生要求。这要从一点一滴做起，首先就是对国家、对人民要有感情。我这个人有很多缺点，但是有一点我是不甘落后的，就是爱我们这个国家。每一滴血液，每一个细胞，甚至将来死了烧成灰，每一粒灰烬都是爱国的。"

2006 年 9 月 5 日，温家宝在中南海紫光阁接受欧洲媒体的联合采访。英国《泰晤士报》记者问：你在晚上睡觉之前最喜欢读什么书？掩卷之后，有哪些问题常使你难以入眠？

温家宝答：你实际上在问我关于读书和思考的问题。让我引用中外名家的诗词著作，它可以形象地告诉你我是一个怎样的人，经常读哪些书，在思考什么问题。"身无半亩，心忧天下；读破万卷，神交古人。""为天地立心，为生民立命，为往圣继绝学，为万世开太平。""长太息以掩涕兮，哀民生之多艰。""衙斋卧听萧萧竹，疑是民间疾苦声。""有两种东西，我对它们的思考越是深沉和持久，它们在我心灵中唤起的惊奇和敬畏就会日新月异，不断增长，这就是我头上的星空和心中的道德定律。""为什么我的眼里常含泪水？因为我对这土地爱得深沉。"

2007 年 12 月 24 日，即将在来年 3 月份卸任国务院副总理职务的吴仪，出席在人民大会堂举行的中国国际商会会员代表大会。面对之前中国贸促会会长万季飞曾发出请其退休后担任该会名誉会长的邀请，以及台下五百位中国工商业界人士，吴仪通过这种方式进行话别："我在明年'两会'后会完全退休，在我给中央的报告中明确表态，无论是官方的、半官方的、还是群众性团体，都不再担任任何职务，希望你们完全把我忘记！"

1993 年 3 月 31 日，万里从全国人大常委会委员长的岗位上退了下来，淡出了人们的视线。他说："不在其位，不谋其政。对我来说，不问事、不管事、不惹事，就是对当权责任领导的有力支持。"因此，他给自己作了三条具体规定：不参加剪彩、奠基等公务活动；不再担任名誉职务；不写序言不题词。

有人问曾任中国驻法国大使的吴建民："您认为人生什么最重要？"吴建民答："做点事。人来到世界上，是给国家和民族做事的。"

2009 年 4 月，北京大学法学院教授朱苏力在福建厦门参加第五届"全国法理学博士生论坛"的时候，说了这样一番话：我们的法律理论必定是要基于对中国的研究，包括对中国的政治、经济、社会、历史、文化的全面把握和理解，才有可能。这是一个伟大的工作，一个艰巨的工作，一个需要想象力和创造力的工作；换言之，这是任何前人包括外国前人的经验都不足以应对的工作。但我们必须去做，我们必须有这个雄心大志，在理解我们的时代和社会的背景下努力。即使我们作为个人努力最后失败了，但我们这个民族必须成功。我愿意以我个人的失败为这个民族的成功奠基。

面对北京大学法学院 2010 届毕业生，院长朱苏力在欢送会上致辞："我 55 岁了，有点天真，却不只有天真；我也毫不掩饰自己相信后果主义和实用主义。我是认为，只有这样，一个人才可能穷达淡定，荣辱不惊，守着自己的那点事业，守着自己的那分安宁，哪怕在世俗眼光中他／她既不富有也不成功，甚至很失败；也只有这样，我们才有一个虽不完美却还是值得好好活着并为之努力的社会，而许多人也会因此多了一个好好活着的理由。"

他接着说："许多同学就要告别这个校园了，我也将告别院长的职责。我们都如流水；我们都是过客。"

国防大学教授王年一长期从事"文化大革命"的研究与教学工作，出版过《大动乱的年代》一书，但由于诸多原因，也有许多研究工作无法进行，许多作品无法发表或出版。去世前，他给友人阎长贵写信，当中有一句话："个人得失不必计较，国家兴衰却不能不计较。"

2004 年 10 月 18 日晚，在上海瑞金医院，学者王小强向汪道涵汇报工作，引用宋人王炎午句，"难回者天，不负者心"，感慨系之"说难"。这本来是一句很普通的抱怨，没想到竟招惹得汪道涵勃然大怒，从沙发上站起身来，绕室彷徨，愤愤然，眼瞪手指，声色俱厉：我给你改，我给你改，改成叫做……，"报国有心，爱国无限"！你是搞研究的，多少前所未有的大事，史无前例的新问题，需要我们抓紧时间去研究，去思考？

汪道涵一顿长时间呵斥，声音发自肺腑，远传走廊，惊动值班护士，推门进来礼貌地关切："汪老不要太累了。"

王小强说："中华民族必将战胜任何艰难险阻，是因为一代又一代，无数志士仁人所拥有的这点精神。"

2003年春天，闻悉李慎之去世，作为"生前友好"的汪道涵慨叹："北京那地方，春天供暖一停止，室内还是很冷，他没在家中添置取暖设备，是冻出病的。慎之晚年窘迫啊！"随后，他委托朱学勤送了一幅挽联，上写"慎之先生千古，汪道涵"九个字。

1990年，李慎之在中国社会科学院副院长的位子上被免职。毕生追求理想的他，晚年两次谈到自己来生的理想：一次说，"我李慎之如果能再活一次，年轻时还会入这个党"；一次说，"如果一个人还能有下一辈子，那么我的最高愿望是当一辈子公民教员，因为我知道在我们这个国家，要养成十来亿人民的公民意识，即使现在马上着手，也至少得一百年或五十年才能赶上先进国家。"

李慎之在一篇文章的注释中，提到过这样一件事：1987年我访问日本时，有一次与当时的公明党委员长竹入义胜谈话，他告诉我，他在70年代"文化大革命"最黑暗的时期第一次访问中国时，受到中国总理周恩来接见。当接见结束，周恩来已送客转身，竹入一行也已经走到楼梯口的时候，周恩来突然又折回来，走到竹入跟前说了一句："竹入君，我们中国不会永远这样下去的。"说罢转身就走。竹入义胜告诉我，他当时分明看到周恩来的眼里噙着眼泪。我也分明看到竹入告诉我这句话的时候眼里闪着泪花。今生今世，我永远不会忘记这句话。

李慎之不止一次地说过要写一本介绍周恩来的书："我写的周和目前社会上流传的写他的书是不一样的，因为我曾近距离地观察过他，我知道他的内心。只是现在我还腾不出手来，过两年我一定会写的。"可惜的是，2003 年他因病突然撒手人寰，同时也就带走了这部书稿。

担任国家图书馆馆长 18 年的任继愈，多年来一直坚守三个规矩：不过生日、不赴宴请、不出全集。他这样解释：

不过生日，是因为既耽误我的时间，也耽误别人的时间。我 70 岁那年，很多天南地北的学生要赶来给我过生日，我说，你们来，我就躲出去！

不赴宴请，是有些倚老卖老啦，有时国家图书馆一些必要的应酬，我就请其他馆长代劳。怕耽误时间，再说，那些场面上的客套话我也说不全。

不出全集，是因为我自己从来不看别人的全集。即使是大家之作，除了少数专门的研究者，其他人哪能都看遍？所以，我想，我的全集也不会有人看。不出全集，免得浪费财力、物力，耽误人家的时间。

2001 年，历史学者何兆武所在的清华大学，要为他庆祝八十寿辰。那天一大早，何兆武就把家门锁上，一个人悄然离开了。人们问他，为何偷偷躲出去，他说："现在帽子乱加，比如国学大师。这个是国学大师，那个也是国学大师，大师满天跑。这不太好。庆祝一个人的生日，那要这个人有特殊贡献，我又没有贡献，又没有什么，干吗庆祝呢？"

画家张仃指出，艺术上的要求，第一就是"真"，天真的儿童，心灵像清泉与露珠那么纯洁。这是那种积满尘土，或者破碎不全，或芜杂污染的某些成年人的心灵所无法与之比拟的。中国艺术自古重视天真，所谓"返璞归真"，是艺术的最高境界。欧洲的马蒂斯，因有人说他的画像儿童画，而引以为荣。

由此他认为，论"画品"之前，首先是"人品"，一个画家即便有一定的基本功和表现能力，而无一定的文化修养，又急于事功，热衷名利，故弄玄虚，东施效颦，其"画品"绝不会高的。

张仃说："陆俨少先生对艺术的看法是：'三分字，三分画，四分读书。'他认为一个画家修养不高，思想不深，艺术就无从上达。所以，他主张用思想作画，反对把绘画当成一种手艺。"

画家吴冠中认为，艺术里技术是基础，境界最重要。这个境界就是感情的真实。技术只是一个手段，学技术比较容易。情怀是多年的人格，多方面因缘修来的结果，这个是最重要的。

在吴冠中看来，画家走到艺术家的很少，大部分是画匠，可以发表作品，为了名利，忙于生存，已经不做学问了，像大家那样下苦功夫的人越来越少。整个社会都浮躁，刊物、报纸、书籍，打开看看，面目皆是浮躁；画廊济济，展览密集，与其说这是文化繁荣，不如说是为争饭碗而标新立异，哗众唬人，与有感而发的艺术创作之朴素心灵不可同日而语。艺术发自心灵与灵感，心灵与灵感无处买卖，艺术家本无职业。

当吴冠中得知自己的作品被商业炒作到数千万时，他说："我看不起美术了"，"我也看不起这个世界了"。与他的作品天价形成鲜明对比的是他的个人生活，他长期居住在北京一个很普通的小区里，房子不大，在他 2010 年 6 月 25 日去世后，有知情人这样回忆："我还记得老先生家中的模样，地面是这两年才铺上地板的，之前一直是水泥地，一排人造革沙发，扶手都快磨破了，书架用的是最简单也最耐用的钢制金属架。老先生对生活一点也不讲究，他常常穿儿子、孙子穿旧的鞋子，花几块钱到楼下的理发铺子去理发，但他在精神上的追求却是没有尽头的。"

2005 年 10 月，吴冠中大病后身体有所好转，面对前来探望的韩小蕙，他打着强烈的手势，激愤地说："上帝的安排不好，对生的态度积极，给予生命、母爱、爱情；可是对死的问题就不管了，人老了、病了、痛苦了也不闻不问。我认为生命是个价值过程，在过程中完成价值就可以了，鲁迅先生只活了 56 岁，作出的成绩远远超过长寿之人。我们为许多人可惜，是他们做的事没完成，如果完成了，不非得痛苦地活那么长。"

不待韩小蕙开口说上几句能够宽慰他的话，他又说："我就是进入不了老年生活——叫我养花、打牌，不行！叫我休息、不做事，不行！回想这辈子最幸福的时期，就是忘我劳动，把内心里的东西贡献出来的时候。现在思维、感情不衰败，还越来越活跃，可是身体的器官老了，使不上劲了，这是最痛苦的晚年。"

编辑张世林从吴冠中手中拿到《短笛无腔》的书稿后，顺便问他近来在写什么？吴冠中答曰："我在写自传，名字想好了，就叫《消逝了的生命》。我今年已经84岁了，来日无多了。我本来不打算写自传，有好多人想为我写传。但我发现'传'还是要自己写，只有自己经历过的自己最清楚，也最有感慨，别人怎么能了解这些呢？这样，我才开始动笔写。我一定要写出一个真实的自我来。我写自传恰恰不是为了自己，而是为了我们所经历过的那个时代。那个时代太有特点了。"

有人问联想集团创办人柳传志会不会写自传，他做出了否定的回答："我还想做事，想做事的人还是不愿意说这些话的。我生活中的事情，你说比如念书的时候，其实跟普通人没什么不同。做了企业之后，会遇到很多很多的冲突，这些写书才有意义，但我不太愿意写出来，因为写书的人都是容易把自己当成对的写出来，其实真的不必，没有太大意义。凌志军写了一本叫《联想风云》，这本书是联想支持写的，他调了大量的联想档案库里的史料，采访了很多人，描述了当时的状况，我觉得就足够了。我将来可能为了自己过过笔瘾，写点儿什么东西给我的子孙后代看看，这就自己家里人看着挺好玩。其他的，我就不想说点什么了。"

邓英淘在1989年出版的《邓英淘集》自序中说："记得少年时期，由于受家庭和环境的熏陶与影响，我最喜欢读的书大部分与历史、军事、政治有关。那时自己所向往的事业是铁马冰河、开疆拓边……而这些历史业绩中闪烁着永恒异彩的奇谋睿智，又激发了我对推理与数学的历久不衰的偏好。后来，尽管少年时代的志向为国家命运的激变所中断，但我为实现自己这种志向所做的准备——历史感和战略观，并没有随之而付于东流。

熙攘的争斗和浮华的言辞终归是过眼烟云。在这个风云变幻的世界上，惟有那脚踏实地，坚韧不拔，善于学习、借鉴和创造，有眼光、有理想的民族才有将来。这个道理对于个人来说，想来也不会例外。"

邓英淘是曾任中央书记处书记的邓力群的儿子，他长年来默默无闻，一直做着探询中国新发展方式的调查和研究工作，足迹遍布祖国各地，出版有《新发展方式与中国的未来》、《再造中国》、《西部大开发方略》、《再造中国，走向未来》等书籍。香港的南怀瑾先生半开玩笑地表扬他：没有功劳也有苦劳，没有苦劳还有疲劳呀！

邓英淘于 2012 年 3 月 11 日病逝，他在北京大学经济学系就读时的同班同学吴稼祥撰文说："大学毕业以来，他从不出头露面，回避官场。这也决定了他的研究方向——尽量靠近技术经济学，不太涉及经济体制。他一生的研究成果不少于 500 万字，主要是能源、环境研究，以及农业调查；20 世纪 90 年代后，则聚焦国土整治、水资源调配和土地资源开发。所有这些研究，他都不想引起学术争论，更不想炒作。因此虽有如此浩繁著作，除圈内人钦佩，在学术界却不'著名'，这在当代中国确实罕有。"

2000 年底，学者王元化送给友人吴洪森一幅字，上面写的是："中国历史上本来就有三军可以夺帅，匹夫不可夺志的传统。每逢危难关头，总会有人挺身而出敢冒天下不韪，迎着压力打击去伸张正义，为真理而呼喊。这些威武不能屈，贫贱不能移，富贵不能淫，在任何情况下也不肯降志辱身的人，堪称中国的脊梁。"王元化晚年经常提到胡适的话，"不降志、不辱身、不避危险、不曲学阿世"，并说这应该成为知识分子的座右铭。

2009 年 6 月，中国政法大学教授蔡定剑得知自己患病之后，开始与时间赛跑，依然坚持计划中的研究项目。西北大学教授华炳啸去蔡定剑家中探望，交谈中，蔡定剑"湿润着闪亮的眼睛"，动情地吟诵林则徐的诗："力微任重久神疲，再竭衰庸定不支。苟利国家生死以，岂因祸福避趋之。"2010 年 11 月 18 日，蔡定剑开始向他的同事刘小楠交代工作，"要把工作做下去，把还没有结的项目做好"，"我们确实是为了中国的民主宪政，为了中国的进步吧。"11月19日，他告诉前去探望的媒体记者，"我还有太多的事情要做"，"宪政民主是我们这一代人的使命"。11月22日，蔡定剑病逝于北京305医院，享年55岁。

2009年7月，蔡定剑癌症确诊后第一次化疗住院，药物反应非常大、人非常痛苦。朋友来探望告诉蔡定剑，有成功经验表明，练气功对战胜癌症有帮助，但需要每天上下午都锻炼，一天锻炼达到五六个小时。朋友走后，蔡定剑对妻子刘星红说，如果一天的时间都在练气功，为了活着而活着，这样的生命有什么意义呢？

蔡定剑对自己的命运并不甘心："为什么别人可以工作到70岁、80岁，而我却不能？"

高鸿业自美国学成归国后，在中国人民大学任教达50年之久，为现代经济学在中国的传播做出了重要贡献。20世纪90年代，山西经济出版社为60位著名经济学家出版了一套《中国当代经济学家文丛》，《高鸿业选集》是其中之一。但是，高鸿业却说自己只是"一个普通的经济学人"，不是"经济学家"，更不是什么"大师"、"泰斗"。人们都觉得，高鸿业太过谦虚了，他却非常认真地对大家说，这不是谦虚，而是实事求是。高鸿业认为，除了极少数的著作，如马克思的《资本论》、斯密的《国富论》，也许还有凯恩斯的《就业、利息和货币通论》以外，一般的经济学著作都会经过时间的剥蚀和淘汰，最终烟消云散，他自己的著作就是如此。高鸿业还说，你们知道，北京大学有位陈岱孙先生吧，学问比我大多了，还有杜度，也比我懂得多，杜度这个人从来不写文章，但问什么他都懂，可是，现在有谁还能记得他们呢？这就是普通人，普通的经济学人。我高鸿业死后两三年，大概就没有什么人记得了。如果那时还有人记得，就是托了凯恩斯的福，因为我翻译了他的《就业、利息和货币通论》。如果以后中国还有人读这本书，英语又没有完全过关，他们就有可能选用这个译本，仅此而已。

在《凭阑集》中，经济学者张五常感慨道："在广阔无际的宇宙间，个人的生命远不及沧海一粟。我的存在与毁灭，无足轻重。说自己有'泥上偶然留指爪'的本领，不过是自我安慰而已。但生命既然存在而又是那么真实，我倒要过一下生命的瘾。这不是有意无中生有，然而，自内而观之，可以因为觉得丰满而把自己看'大'了一点。"

有一次，北京大学中文系教授王瑶和他的弟子钱理群聊天："钱理群啊，我跟你说，将来在学术史上，我和你是站在同等地位上的。后人评价我和你，不会因为我是你的老师，就说我一定比你强，但也不会因为你比我年轻，就一定说你比我好，后人评价我们，会完全根据我们的学术著作所达到的实际的学术水平，作出科学的、公正的学术评价。"

年届九旬的中国科学院院士师昌绪获得 2010 年度国家最高科技奖，有人问他获奖后的心情，他说并没有什么特别的感受，人家 60 岁就退休，我多"赚"了 30 年！如无特殊情况，师昌绪每个工作日都会去国家自然科学基金委的办公室上班，"我现在一天只睡四五个小时，其余时间总是在想事。有事干，人就充实。"

作家张炜在长篇小说《能不忆蜀葵》中写道："什么得奖啊，画廊上的成功啊，那不过是人们制造'屑末'的一种方式……只要是屑末，就永远别想掷地有声，风一吹就了无痕迹了。"因《你在高原》获得第八届茅盾文学奖的张炜说，这恰如他自己的心情，茅盾文学奖已经成为过去时，别林斯基说过这样一句话——"经过了必要的时间之后，每个人都将各归其位"。

张炜指出，一般来说"尖叫的写作"会首先被注意，而真正深沉的杰作留在那儿自己生长，这方面国内国外都一样。好的会留下来，差的会淘汰掉。最后积累起来的就是未来的那部文学史。不过真正的杰作从来不是为文学史而写的，只不过它在未来肯定是灿烂的，在眼前却不一定。

2001 年 11 月，时任中央电视台《东方时空》栏目总制片人的陈虻与网友在线交流。有网友问："当你工作累的时候怎么消遣？"陈虹回答："和我儿子在一起。我需要和两种人打交道，一种是有智慧的人，因为他们简单；一种是无知的人，因为他们简单，所以我喜欢四岁的儿子，跟他在一起是我最专心的时候。"

新闻人胡舒立说，我只能与朋友一起工作，因为我不谙世故，也需要别人对我怀以善意。

常言道，政声人去后。离开总书记的工作岗位后，胡耀邦曾经说过这样一番话："我这辈子有两个没有想到：一个是没有想到被放在这么高的位置上；一个是没有想到在我退下来以后，还有这么个好名声。"

胡耀邦去世后，安葬在江西省共青城的富华山上，山上的胡耀邦陵园已经成为当地的名胜。陵园建成后，就向全国各界人士开放。到1999年4月，已有200多万人前来瞻仰，每年平均有30万人左右。据戴煌2004年7月出版的《胡耀邦与平反冤假错案》一书透露，中共许多前任和现任领导人都瞻仰过胡的陵园。1991年和1992年，朱镕基两次来访。其他先后前来拜谒的高官有（按时间顺序）：李瑞环、胡锦涛、乔石、江泽民携夫人王冶坪、宋平、田纪云、胡启立、李铁映、吴官正、曾庆红、宋健、布赫、钱伟长、雷洁琼、李德生、廖汉生、张震、白纪年、荣高棠。知名人士有朱伯儒、张海迪、蔡振华等。"有人多次前来拜谒，田纪云、李瑞环更深拜号啕。"

1989年3月，胡耀邦在广西南宁给区党委秘书长钟家佐题字时，引用老子的话明志："吾所以有大患者，为吾有身；及吾无身，吾有何患？"

2011年1月，胡德平出版了《中国为什么要改革——思忆父亲胡耀邦》一书，他谈写作此书的初衷：在中国，一个"文革"，一个改革，这两大事件是翻天覆地的，对世界来讲也是影响极大的。我们中国人应该有更多的人研究这段历史，出版一些历史书籍对此进行梳理和回顾，我认为这对中国和世界都是有好处的。

历史学有一个很庄严的任务就是资政育人，我希望这本书能让参加了改革，经历了80年代改革的人和没有经过80年代以及没有出生的人，都站在一个客观的历史科学的问题上，对过去、历史和未来达到一个比较统一的认识，形成一个好的科学的历史观。有人曾经跟我说过这样一句话，再过五百年，我们的改革开放充其量不过是一页纸吧！这句话完全驳倒也很难，我也不知道到那时是否还会有人像现在这样研究、反思。对于我来说，有一种感情力量和信念想对党的这段历史做些回顾。有人如果掌握了资料不整理不研究的话就回避了应尽的责任，我有这个兴趣与义务。

胡德平说自己的性格和父亲很像，乐观，活跃，愿意思考。有人说他是一位学者出身的政坛人物，有着浓厚的书生气。父亲对他的评价也是"书生气太浓"。

胡德平自己辩解："书生气对于写点东西、整理点材料还是有好处的。我这个人是有话就想表达、有观点就要讲的，但是我不喜欢发牢骚，也不喜欢调侃，我觉得人一定要重视自己的表达权，这是公民的基本权利。"

原《人民日报》社社长秦川曾向其友人吴江提起一件事情：大约在胡耀邦去职后的一个晚上，习仲勋和秦川两人在中南海散步，习仲勋突然转过头对他说："我这个人呀，一辈子没有整过人，一辈子没有犯'左'的错误！"

"文革"后，有高级干部总结，在历次党内斗争和政治运动中，党政军要员人人都有整人和被整的经历。开国上将张爱萍反驳说，我就没有整过人！

萧功秦是新权威主义的代表人物，他一直记得这样一件事：那是一九八九年年初，在上海举行了一次有关新权威主义的讨论会，几乎与会的绝大多数人都对新权威主义的理念抱强烈的批判态度，每个人限定只有15分钟的发言机会，这就使我这个孤军奋战者对许多批评观点没有任何申辩反驳的机会。从表面看来，这是一次激进民主派"声讨"新权威主义而大获全胜的讨论会。会议结束时，我只说了一句发自内心的伤心话："如果大家都这样想，我也没有办法了。"当我回到家里时，两位参加会议并在会上反对我的观点的朋友，也随后赶到我的家里，他们说，我在会议结束时所说的那句话的真诚情感，颇使他们感动，虽然他们不同意我的观点，但作为朋友，愿意听听我的倾诉。我清楚地记得，我对他们十分动情地说了这样一段话："在一个充满矛盾与困境的发展中国家，知识分子激进就一定会出大问题。"当时，我含着眼泪，抚摸着八岁的女儿的头，对他们说："如果近代史上的激进主义由于我们这一代的过错而在中国重演，如果中国再次出现大乱，这些孩子将经受怎样的苦难？难道我们不应该为他们的未来想一想？"

1985 年，《人民日报》记者凌志军的父亲六十二岁，身患肝癌，病入膏肓之际用枯槁如柴的右手拉住凌志军的衣角，好不容易开了口："做……正直……诚实的记者，很难……很难。你能……能吗？"

2001 年 8 月 27 日，享年 90 岁的水利专家黄万里在清华大学校医院一间简朴的病房离世。黄万里以坚决反对三门峡工程闻名，弥留之际，他摸索着用颤抖的手，给家人和学生留下遗嘱，当中没有提个人及家属一句话，只有长江的水利和汉口安危："治江原是国家大事，'蓄'、'拦'、'疏'及'抗'四策中，各段仍应以堤防'拦'为主。长江汉口段力求堤固，堤面临水面，宜打钢板钢桩，背面宜石砌，以策万全。盼注意注意。"

2000 年的一天，原广东省委第一书记任仲夷和几个老干部吃饭，突然放下筷子问："你们说说，年轻的时候，我们追随共产党究竟是为什么？"见大家面面相觑，他又自言自语地说："还不是为了建立一个民主、自由、富强的国家吗？"

1993 年 1 月 3 日，89 岁的邓小平给孙辈写信。信中说：对中国的责任，我已经交卷了，就看你们的了。我十六岁时还没有你们的文化水平，没有你们那么多的现代知识，是靠自己学，在实际工作中学，自己锻炼出来的，十六七岁就上台演讲。在法国一呆就是五年，那时话都不懂，还不是靠锻炼。你们要学点本事为国家做贡献。大本事没有，小本事、中本事总要靠自己去锻炼。

1989 年 11 月 9 日，在中共十三届五中全会上，邓小平辞去了中央军委主席职务。在邓小平离开人民大会堂的时候，接任的江泽民一直把他送到门口，紧握住他的手说："我一定鞠躬尽瘁，死而后已。"

中国科学院院士何泽慧，"文革"期间被下放到陕西一所干校，每天负责敲钟，时间精准地可以用来对表。她常挂在嘴边的一句话是："国家是这样一种东西，不管对得起对不起你，对国家有益的，我就做。"研究何泽慧的中国科学院自然科学史研究所副研究员刘晓说，何先生是个普通人，她的个性很强，甚至有些怪，但她的真实却让人感动，让这个世界感动。刘晓把何泽慧这一代生于上世纪初的科学家归纳为一类人，"他们是真正有理想和追求的，那是一种国家层面的理想。"

2010 年 4 月 30 日，胡耀邦之子胡德平、前文化部副部长高占祥等一行人前往医院，看望弥留之际的前中宣部部长朱厚泽。朱厚泽说："要把胡耀邦思想研究好。"高占祥说："你是一个开朗的人。你在我们心里头是一个人格高尚的人。当你面这么讲，不当你面也这么讲。"朱厚泽说："大家都是高尚的人，要把胡耀邦思想研究好。"

2011 年 11 月 5 日，在北京木樨地国宏宾馆一处简朴的会场，许多经济学界的人士聚会，共同纪念徐雪寒这位 1926 年入党、晚年获平反后"用生命敲击改革开放的大门"的经济学者的百年诞辰。吴敬琏在会上发言说：
我个人是很有幸，先后师从了五位老一辈革命者、经济学家，包括顾准、（薛）暮桥、（孙）冶方、（骆）耕漠、（徐）雪寒，他们的学术思想可能有差异，风格也不一样。顾准锋芒毕露，暮桥非常内敛、严肃，雪寒可能在他们之间，但是他们也有共同特点。
雪寒同志一直到去世，都是坚持了他年轻时所树立的一个志向，就是按照党在当时的纲领，要为建立一个独立、自由、民主、富强的新中国而奋斗。有些人，当他们掌权以后，就丢掉了年轻时的赤子之心，雪寒同志不是这样的人，一直到死都坚持了为中国人民建功立业的理想，他没有居功自傲，没有"我是打江山的，所以就要坐江山"这样的观念。

在雪寒的最后时间里，我可能是最后一个见到雪寒的人，我见到他之后几分钟，他就去世了。我给他写悼词的时候，想起了上海许纪霖先生对李慎之先生的一种说法，形容李慎之是"老派共产党"。

按我的理解，这个"老派共产党"，就是说虽然共产党成为了执政党，已经掌了权，但是这些"老派共产党"仍然坚持他们年轻时参加共产主义运动时的理想抱负，并为之而奋斗。我不知道慎之先生怎么想，但是我觉得用这种话来形容雪寒，是非常恰切的。

徐雪寒是 2005 年以 94 岁高龄去世的，在他生命的最后几年，身体差到"所有零件都在报警"。可只要有人来看他，来谈改革，他就会思维敏捷地冒出很多火花。大家很惊讶，"他衰弱的手、腿、胃、心脏，所有的零件都满足不了他强大的大脑"。

医生劝徐雪寒听音乐、相声，他说，"那不是自己的行当，不懂。"他最担心的是，"报纸新闻都看不了，怎么活啊！"

徐雪寒的话题里，没有家长里短，没有友情、爱情，也不谈人生。他的同事鲁志强回忆，自己每次去看徐老，他就像下一分钟时间会停止一样，争分夺秒地谈国家问题。他们的交谈几乎从不寒暄客套，徐老可能最后去世都不知道我有没有结婚，有几个孩子。鲁志强感叹："徐雪寒的气质是学不来的。"

2006 年 3 月 16 日，老派共产党人谢韬给新华社原副总编辑穆广仁写了一封信，当中有这样一段话："我们这一代人，有共同的经历，有共同的迷误，有共同的乌托邦，也有共同的觉醒和反思。问题是我们都老了，怎样把这些留给下一代，避免再走弯路，这是我们所尽的最后一点责任。"

2012 年，已届九十高龄的中国文物学会名誉会长谢辰生回忆梁思成："有件事我记得很清楚，上世纪 60 年代梁先生挨整很厉害，他打算写一个东西反驳。快完成的时候，得知中国的原子弹爆炸了，他马上就停笔，说还是我们的民族伟大，原子弹比别的都重要。"

谢辰生说，这样的事现在都可以讲一讲，"看看我们这代人是怎么走过来的，对民族、对国家、对真正的共产党是什么样的感情"。

2005年是顾准诞辰九十周年，上海大学教授朱学勤有感而发："十年前说'愧对顾准'，十年后不得不重复这句话：我们不仅愧对他的研究条件，更愧对他的胸怀，愧对他以民间苦难为动力，知难而上甚至迎难而上的境界。我们远离了那个时代，这是幸运，但在精神气概上，我们离顾准的境界似乎也在远离，则未必是幸运。"

顾准去世之前，告诉吴敬琏："我认为中国'神武景气'是一定会到来的，但是什么时候不知道，所以我送你四个字：'待机守时'，还是要继续我们的研究工作。总有一天要发生变化。那时，要能拿得出东西来报效国家。"

吴敬琏说顾准"完全是到了一个忘我的境界"，"我们要达到他这个境界大概是不可能的，但是应该向这个目标努力"。

顾准去世之后，吴敬琏向女儿吴晓莲这样回忆当时的感受："我在回家的路上就是觉得特别特别冷，觉得那是一个冰冷的世界。顾准就像是一点点温暖的光亮，但是他走了。但是，我想，他还是给我们留下了光亮……"

"我今年已有80岁，前面的50年只能算是蹉跎岁月。"2010年1月26日晚上，满头银发的吴敬琏站在北京香格里拉饭店宴会厅里，面对众多朋友与学生，回顾他的人生。他说，此后才找到一条道路，"我发现市场经济是所有制度中最不坏的制度。后来又认识到，经济制度还需要其他制度的保障，其中最重要的就是规则，规则中最重要的是法治，要建立法治的市场经济。法治最重要的是什么？法治需要民主制度的支持。"

有人评价吴敬琏，"他的嘴对着领袖的耳朵，但他的脚站在百姓的中间"。吴敬琏回应："过誉啦！应该说我是接受了很多我们经济学界的前辈，我们经济研究所的前辈教育。他们树立了非常好的榜样，我要达到他们那个境界还差得远。"

吴敬琏曾经说过，我们这一代人总有挥之不去的忧患意识，这与自己的经历中的家国多难有密切的关系。民族振兴是我们这一代人刻骨铭心的梦想。我们个人的命运是同改革开放的命运联系在一起的，对民族前途自然就应当有一份责任和担当。虽然未来还有很大的不确定性，但是有了这样的现实目标，我们就能沿着这一改革的道路坚定不移地前行。

朱学勤是复旦大学教授金重远招收的第一个博士生，两人相交三十年。朱学勤在回忆文章中写："先生执教时间长，门生子弟多，却有意避嫌，不立门墙。我算他开山弟子，有责任却没有机会请同门学友聚会一次，哪怕是给他做七十寿，或纪念他从教五十年，一提及，都被他坚决制止。""如此三十年风雨，先生待我恩重如山，但外界难以想象的是，他为人淡泊，淡泊到师生间一年中几无来往。他似乎厌烦那种中国式的师生来往方式？只有每年春节年初二上午，我登门拜年时可有一番长谈。他早早泡好茶，留一包好烟等我前往，三十年始终如一。有时我刚在楼下拐角出现，就听见一个熟悉的声音在窗口高喊：'这里这里，别走错了！'"

杂交水稻专家袁隆平觉得，人就像一粒种子。"要做一粒好的种子，身体、精神、情感都要健康。种子健康了，我们每个人的事业才能根深叶茂，枝粗果硕。因此，作为一个科研工作者，不仅要知识多，而且要人品好，不仅要出科技成果，而且要体现科学精神和科学道德。只有这样，才配当一个科研工作者，也才能当好一个科研工作者。"

袁隆平认为，"一个人无论本事有多大，如果太自私，如果对民族、对国家、对社会、对人民没感情，就很难成就一番事业。"正因为这样，国际上有多家机构高薪聘请他出国工作，他都谢绝了——"一方水土养一方人，我的根在中国，我去你那里干什么"。

袁隆平把得到的钱绝大部分都用来搞科研了，"我从没有想过要过奢华的生活，对物质的享受看得很淡，我觉得我生活很好，钱够用够花就行了。个人要那么多的钱干什么？"

2010年11月8日，新华社原副社长李普在北京逝世，享年92岁。他的女儿李亢美说："在清理爸爸遗物的时候，我找到了他今年9月份最后一次写的毛笔字'真'。不知道这算不算是他的'绝笔'，我将它裱了起来，盖上了他的章。这是爸爸留给我最珍贵的遗产。"

2011年，中央电视台的白岩松在做客贵州卫视《论道》节目时，提到了与嘉宾主持龙永图的交往旧事，当时龙永图担任外经贸部副部长，负责中国的复关和入世谈判：有一次把我们几个人召到了他的办公室，当时正处在最艰难焦虑的时期，他脱口而出一句话——"我要是为了当官，你见过有这么当官的吗？"这一句话透露了什么呢？他是没有把继续当部长，或者再怎么怎么着，当成他的精神支柱。他的精神支柱高于官位，或者说跟官位没有关系。就像他有一次在日内瓦即将上电梯前跟我讲的，你知道为什么要复关吗，让中国不能走回头路啊！这是他超越了官位的一种精神的巨大的支撑，让他多少年来有一种很亢奋的动力。

接着，白岩松又提到了自己：对于我来说也如此，我不想去讲我每天做新闻的时候，我所遭遇的很多东西。但是，经常有人问我，你为什么还在做？我说因为起码我还在相信，新闻有助于这个时代变得更好。我愿意信，新闻是我的某种信仰，对未来的好奇是我的信仰，如果有一天这些信仰不在了，崩盘了，我就不会再干了。支撑我的是这些东西，可以忍受日常的悲伤、挫折、打击、锤子等所有的东西。

2003年，龙永图从外经贸部副部长的职位上卸任时，面临两个选择：一是到联合国某机构任负责人，一个相当于联合国副秘书长级的职位；二是到成立不久还较少人了解的博鳌亚洲论坛任秘书长。前者待遇高，有国际声望，而且是中国人第一次出任这么高级别的联合国官员，但龙永图想来想去，还是听从了自己内心的声音，选择了后者。"我这么多年在国外，时间太长了。而且中国当时处于这么一个大变动大发展的时期，我要离开太可惜了。很多老外都愿意到中国来工作。"龙永图事后说。

2011年10月8日下午，五卷本的《资中筠自选集》首发式在国家图书馆古籍馆举行，资中筠在发言时谈到了自己虽然年届八旬，依然"感时忧世"

的原因：我遇到过不同的人，对于生活有不同的取向，在医学上有一个痛点比较低或者痛点比较高的问题，痛点比较低的人刺他一下就比较疼，我们这一代人痛点比较低，了解到一些事实以后，就是觉得放不下，而且还很生气，欲罢不能，也不一定是要怎么样，就是内心深处觉得必须要这样做，这是没有办法的事情。

在《斗室中的天下》一书中，资中筠在扉页上自题："人生不满百，常怀千岁忧。"她说，纵观自己多年来的作品，不论是谈古论今，还是说中道西，其实也包括述往怀人，直接还是间接，总有挥不去的忧思。

长期研究欧洲问题的学者陈乐民说：我经几十年的反复思考，"站在东方看西方"，只弄明白了一个简而明的道理：我挚爱的祖国，多么需要一种彻底的"启蒙"精神。

我只能维持自己的良知和作为学者的责任感，至于这种良知和这种责任感究竟有没有客观效果，我无能为力。我只能说——我尽力了！

作家冰心生前反复对儿女交代过，如果自己人事不省那就不必抢救，遗体捐给医院作解剖用。她支持安乐死，主张不开追悼会，不举行遗体告别仪式。她在遗嘱里写："我悄悄地来到这个世上，也愿意悄悄地离去。"

风马牛网友芷兰问万通董事长冯仑：在物质年代，如何寻求内心的宁静？

冯仑答：我们的心变得越大，内心就越宁静。人内心太小，对外边信息的刺激就会产生不平衡，智者是先放眼世界再看自己，所以平静。有一些农村妇女一赌气就跳井了，因为她内心很小，把心里的世界扩大，是非在内心就熨平了。所以建议进行更多的阅读和观察，让你的内心更宁静。

冯仑觉得，做企业的时候，在有形的实物方面、机会方面、金钱方面给你的支持是可替代的，这种人随时都可能碰到。而他更看重的是灵魂、精神方面的指引，这些往往是不可替代的。

他举出万通监事长王鲁光的例子："昨天晚上我和两个重要的朋友吃

饭，讲起我们的监事长，他三年前（2007 年）去世了，我们一直在谈论他，因为他一句话拯救了万通。1992 年第一次见他的时候，他就讲要'守正出奇'，我当时让他具体写出来，他就帮我写出来了。我们应该按照这种方式去处理问题，从那个时候我们就把这句话变成了万通的一个基本价值观。经过了差不多 20 年，我们就按照守正出奇的思想，把事情做得简单、专注、持久，所以才可以做到今天这样。就像一个人给我 100 万，我也只是拿着这钱去挣钱，没有质的变化，但我听了这样一句话，它像真主的启示一样，我按照它去做了，结果就有了万通的今天。"

2011 年 5 月份，冯仑中学时的班主任苏老师去世，他给老师写了副挽联：上联是"一日可为师，况曾苦雨凄风下，孤灯残喘，诉说兴亡，托孤大义，七尺男儿要报国"，下联是"三生难唤回，只求劫波渡尽时，拾家重聚，教鞭再握，含饴弄孙，六旬慈颜又重生"。

冯仑说："这位苏老师，是在我十几岁形成理想最关键时带的我，对我影响很大。我跟她的关系基本上是'苦雨凄风下'，昏黄的灯光，下着雨，她心脏有问题，躺在床上，气息微弱地给我讲家国，讲她家族的历史，对我触动很大，从那以后我决定要折腾。"

冯仑在一个演讲中回忆："有一次，有人举报说我们以商养政，组织反革命集团。那时我们刚做生意，那人在经济上跟我们有纠纷，后来扯皮时就这么告我们。有个朋友就代表政府来处理我们，当时我们和他还不认识。他看完我们的材料、了解了我们之后，认定我们是好人，有理想，懂自律，一定能成大事，便打算放我们一马，说你们自己去处理，如果处理好了我就不来找你们，处理不好、实在没办法了，我还得来办你们。我们紧急地把事情处理掉了，之后才结交上那个朋友。后来他一直很支持我们，但他永远都说：我绝不拿你们一分钱，因为你们是有理想的，你们一定能成功，我看好你们。"

他由此感慨道："有时候，精神上的力量到哪儿都会形成一个气场，感染周围的人。"

《炎黄春秋》杂志社社长杜导正在接受《南方人物周刊》记者卫毅采访时说，2010 年他生了场大病，在医院住了 85 天，最严重的时候，他已经想过遗嘱了，一个是有关家庭的，一个是有关国家的。

给子女的部分就是说，我走了以后，第一条是要照顾好妈妈，这比什么都重要。要靠自己，做个正派的人，学会吃苦，兄弟姐妹要互相照应。

关于国家的部分，就是希望我们党能够与时俱进，由一个革命党变成执政党，再慢慢变成宪政党，跟上潮流，不要逆潮流而动。我有些具体想法，好几条。那时候觉得都无所谓，走就走了吧，我对得起共产党，对得起这个民族，也对得起我老伴和孩子。

杜导正说："我们当初参加革命是真干，一心一意，中间这一段就都糊里糊涂了，一直到晚年，思考多了，也有时间了。老年人还有一个好处，对生和死也不太计较，都八十多岁了，老子还怕什么？脑袋里面想的就是国家、民族、老百姓，希望中国未来能有一个比较好的出路。"

《炎黄春秋》总编辑吴思评价杜导正这批"两头真"的老人，说他们满腔热血地参加了一个事业，多少人把命投了进去。最后回过头来看，这辈子都干了什么，当把这一切都看明白后，人也老了，想认真地把错误的东西纠正过来也来不及了，只能尽量张大嗓门，大声地说几句话，希望能让更多人知道什么才是正确的方向。

杜导正建议，学者要有一点胆子进行研究。中国历史上这样优秀的知识分子多了，学习谭嗣同，追求真理，为真理牺牲一点是应该的。要有点我们当年战争时期那种抛头颅洒热血的精神，为了追求真理脑袋搬家都可以。现在，不怕丢官，就能够追求真理，就能够说真话。就为了保这个官，对知识分子来说这是卑鄙的可耻的，但是现在是流行的。人这一生就是一晃而已，七八十个寒暑，有什么了不起，要对自己的民族负责，对自己的人民负责，敢于追求真理。

"反右"的时候，杜导正正在新华社广东分社任社长。他回忆：当时有人糊了一张大字报，标题我还记得："杜导正，广东分社到今天为什么一个右派划不出来，就因为你是右派。"我就顶不住了，赶快去划。我划了

4 个右派，他们被开除出党、开除公职，生活费原来是八九十块，后来变成 15 块，有的不得不到码头上去扛麻袋，很惨。多年之后，我给人家写文章，登门道歉。有人原谅了我，有的没有。我去拜访其中一位时，敲门，他出来了，看见我，没有笑容。临走时，我跟他握手，他的手是直的，冷冷的。我一出门，他就把门关上了。你搞得人家那么惨，人家不接受你的道歉。但从我自己来说，良心上好受了一些。

那时候，每个人的做法还是有差别的。曾彦修原来是康生的秘书，"反右"时，他是人民出版社的总编辑，人民出版社要划出 12 个右派，划到 11 个的时候，他划不下去了。你看曾彦修啊，在紧要关头，人家的品德就出来了，他把自己划成了右派。我在紧要关头不如他。

曾彦修，笔名严秀，1938 年奔赴延安参加革命，亲历了延安时期以后的一系列重大历史事件，直至 1984 年在人民出版社社长的任上退休。在晚年写的《九十自励》中，他回首往事，"夜半扪心曾问否？微觉此生未整人"。

曾彦修说：我一生唯一无愧于天地的，是没有整过人。我们这么多运动，从 1951 年的"三反"整干部起，几乎几十年天天整。反思一辈子，没害过人，这是一个最大的愉快，很大的幸福。我死了，不管马克思、阎王爷责问我都不怕。

2002 年 9 月 10 日，时任国务院副总理的钱其琛在北京大学国际关系学院做演讲时，说了这样一段意味深长的话：我们在处理中美关系时，既要看到有利的一面，又要看到困难的一面。在中美关系得到发展和改善的时候，要保持清醒的头脑，居安思危；当中美关系遭遇曲折、挫折、困难的时候，我们要从我们国家的根本利益出发，牢牢掌握我们在中美关系中的主动权。我们要斗智斗勇，但是不要斗气，不图一时之痛快，不争一日之短长。苏轼在《留侯论》里边有这样一番议论，说"匹夫见辱，拔剑而起，挺身而斗，此不足为勇也。天下有大勇者，卒然临之而不惊，无故加之而不怒。此其所挟持者甚大，而其志甚远也"。也就是说，不要碰到一点挑衅就气愤得不得了，就头脑发热要"挺身而斗"，这其实"不足为勇"。真正勇敢的人会冷静观察、仔细考虑，因为我们"所挟持者甚大"，我们的志向很高远。苏轼赞颂的是西汉的张良，而我们当然应该比两千年前的政治家有更多的智慧。

1994 年 5 月 29 日，社会学者雷洁琼参访韶山后，在留言簿上写了八个字——"公者千古，私者一时"。

2006 年 10 月 16 日，中国思想界中"一二·九"一代的代表性人物何家栋，于北京同仁医院病逝，终年 83 岁。据他的老伴陈蓓回忆："去世前的一个多月里，有时他的神志已经不清，常常出现幻听幻视、自言自语的病症。但此时他口中所念叨的，大多还是与自身无关的国家大事，什么政治体制改革啦，公民宪政啦，社会和谐啦，就这样一会儿一句地说着。乍听来他说得都像是梦话似的，其实都是自己头脑里蓄存已久的潜意识东西释放出来了。"在何家栋生命的最后日子里，有一次他对看护他的子女喃喃说道："我爱你们啊，但是，这能比得上爱我们的国家，爱我们的党吗？"

作为文学批评者林贤治的多年好友，广东人民出版社编辑沈展云这样描述林贤治——他的生活非常简单而有规律，基本上三言两语就能概括。每天下午都准时上班，下班时要么最后一个走，要么去逛书店。逛完书店回家，吃完饭就开始看书写作，写到差不多天亮或者半夜，基本上一年 365 天都这样。他不会主动去找朋友，我和他几十年朋友了我家他都没来过。他家里床前也好，四壁也好，什么地方都是书。除了很多的书，没有什么会让你觉得惊艳；他心中有一股不平之气，一直以来他写作也好、编书也好，都非常关注与国家命运有关的事，对知识分子责任的体认非常突出，认为知识分子在这个时代尤其要有担当，而且对时代的进步——中国融入世界潮流，接纳吸收普世价值等，应该有所贡献。如果要一句话概括他这几十年，大概可以简短地说成，几十年以来他都带着一种对国家、国民的焦虑来写文章和编书。

长期从事中国国情研究的胡鞍钢说："我是一个学者，维护国家利益是我义不容辞的责任，只要我认为是重要的、关键的，我就要全力以赴地去做。尽管是学者，但参加国际会议则代表着中国，我首先是中国人，其次才是学者。只有全面维护中国的国家利益，才会得到外国同行的赞许。一个人没有气节，首先不被国人所尊重，同样也不会被外国人所尊重。"

1996年2月，作家邵燕祥出版了反映自己在"反右"运动中的表现的作品——《沉船》，这是一部人生实录，用他自己的话来说就是"忏悔"。他在书中写道，我只是要存真，在写出我亲身经历的一段人生的时候，留下后人可以复按的思路和心迹。当时怎么想的，也就怎么写下来。最要紧的是事实。在事实面前，相信人们都可以作出自己的结论。

晚年投身环保事业的梁从诫，有一次向人谈起了自己的身世，谈起了自己的祖父梁启超和父亲梁思成，也谈起了自己的女儿：

我的祖父也好，我的父亲也好，一直到我，都觉得我们生于斯、长于斯的这块土地养育了我们，我们不能不尽我们的力量，为这个社会、为这块土地、为这个民族做我们力所能及的回报。

很多年前，在国外有一个记者问我，我曾经说三代都是失败者。我的祖父，如果他的主要事业是变法维新的话，他是失败的，当然你如果说他的事业是向中国知识分子介绍西方现代思想，那么他是成功的。我的父亲，如果他的主要事业是为了保护中国的文物，那么在很大程度上他是失败的，但我父亲自己做了这么多年的中国古建筑研究以后，他让西方世界知道，我们中国有非常辉煌的建筑历史，这是成功的。

小时候父亲对我的教育是比较开明的，任我发展。我也有过很没出息的时候。我曾经想继承父业学建筑，可我愣没考取清华建筑系，落榜了。我父亲觉得特丢他的人。那么个大建筑师的儿子连建筑系都考不上。那是1950年，制度很严格。我父亲为人高尚，作为系主任，他认为如果走后门把儿子弄进去，比儿子没考上还丢人。我的第二志愿是历史系，分数够了，就进去了。

我女儿1993年就到美国念博士去了。我跟女儿讲，我是不会离开这片土地的。我对这个民族、这片土地有一种与生俱来的责任感。我女儿说："看来我也会接着背这个十字架。"我觉得这也算是我们家庭的一种传统吧。我给女儿看了杨欣的探险日记《长江魂》。她看完后说："我没想到今天还有人用血泪把我心爱的祖国爱得这么深！"这令我有了一点信心。我女儿迟早也会回来为这片土地、这个民族服务的。我很高兴我们家庭的这种传统在我女儿身上延续下去。

因为长年累月地从事环保工作，梁从诫得过很多奖。有一次致答谢词时，他感叹："什么时候，像我这样的人多到得不了奖就好了！"

中国社会科学院哲学研究所研究员周国平说："一个人可以不信神，但不可以不相信神圣。"

刘再复在中国社会科学院文学研究所担任所长之后不久，有一次受所里年轻朋友的委托，请求钱钟书和所里的研究生见一次面。钱钟书谢绝了，他让刘再复有机会告诉年轻朋友，万万不要迷信任何人，最要紧的是自己下功夫做好研究，不要追求不实之名。

1987年4月，刘再复到广东养病，钱钟书又来信嘱托："请对年轻人说：钱某名不副实，万万不要迷信。这就是帮了我的大忙。不实之名，就像不义之财，会招来恶根的。"

经济学者张维迎说：人总是在学习中成长的。印度学者奥修有一句话说，知识是来自于别人的经验，智慧是来自你自己的经验。只有自己亲身体会，你才能够具有这种智慧。智慧是书上学不来的。

孔老夫子这样的人，我们叫他社会制度性企业家，他创造的东西在当时得不到认同，但过了几百年，一直到汉武帝时，他取得了最大的市场。所以，思想的竞争是一个长期的竞争，不是说几年，甚至不是说几十年，可能需要几百年的时间。

凡是要搞思想、搞理论的人，那你一定要对未来更偏好，更看重。因为你的市场不一定是今天，也许是未来。人的本性有时可能会被眼前的东西所蒙蔽、诱惑。所以，对这种制度看得越远的人越少。物以稀为贵，所以我们才觉得他伟大。

张维迎向人解释"圣人"与常人的区别："圣人"一定跟我们一般人不一样，他们的那种使命感，那种为人类的博大的爱，从普通人的角度很难去理解他们。你可能觉得我说的很抽象，如果举个例子你就不觉得抽象了。比如你写了一篇文章，你知道官方很不喜欢，你的父母和亲朋好友一定会劝你得小心，文章千万不要发表。你说了某一句话会有朋友劝告你，这话最好不说。对常人来讲，我们每做一件事衡量的标准都是近在眼前的利益。但是，对于"圣人"来讲，眼前利益是不重要的。你可以想象一下，苏格拉底如果认错交了罚金就可以流放，不会失去生命；耶稣只要认错就不会被钉上十字架；孔子如果愿意配合各个诸侯国的君主，他能在任何一个国家找到一个很好的位置，过荣华富贵的生活。我相信很多人劝过他们，要他们不要太较真，"好汉不吃眼前亏"，但是他没有听，不是因为他们不明白利害关系，而是因为他们不愿意。对此，我们真是没有办法按常人的想象力去想的。

2005 年 9 月，中国科学院院士吴孟超在接受中央电视台《大家》栏目采访时，谈到他的老师裘法祖："裘老师对我的教育，一生当中影响最深。裘老师的作风非常严格正规，像德国人。他到现在给我们写信还要亲笔写，一笔一划写的，而且字写得工工整整的，还很关心人。他做人有四句话：一身正气，两袖清风，三餐温饱，四大皆空。很高的境界。"

启功长期在北京师范大学任教，他说作为一名教师，最希望做到的事情，就是能像他为学校题写的校训那样——"学为人师，行为世范"。

20 世纪 80 年代，台湾作家柏杨写的《丑陋的中国人》一书风靡一时。有人问他写下这几个字的时候，自己心里是什么样子的，他回答说："我觉得我很难过。我愿意举一个例子。我的女儿嫁给了一个德国人，她一生以中国人为傲，但她回到台湾的时候深感我们的社会有许多地方不如德国，我很诚实地讲，她非常沮丧，可是她的丈夫没有感觉。通过这件事情我要说明的是，因为我们爱这个地方，所以我们才感觉到沉痛。不爱这个地方，而且又不是我的国家，我管你呢！"

在杨丽萍的眼里，舞蹈只是一种自我的表现。她要通过舞蹈，表现自己的情感，表现自己对生活的看法。站在舞台上表演的时候，只要音乐一响，她就没想到下面坐了多少观众，需要别人的赞赏什么的，都不需要。即便离开了舞台，届时她还能表演给自己看，可能是在家里跳，或者是在河边、在树林里跳。就算是老了，病了，不能动作了，也会在头脑当中默舞。她说，谁能阻止我跳！

杨丽萍一直对孔雀情有独钟，她形容，在开满荷花的湖边，菩提树上飞过的绿色孔雀，开屏的时候，像光线一样一点点放射出来，灿烂无比。她认为孔雀能代表东方美，是舞蹈的最佳题材，"我觉得，有的时候自己很疯魔，觉得自己就是大自然的一部分，或者是孔雀的一个化身，我觉得这是一个信仰。"

杨丽萍的老友则评价她，"要说杨丽萍，就是说她真，只有真的人才能做出真的艺术"。

作家萧乾晚年的住房条件不好，不得不把书房设在阳台上。有关部门多次动员他搬家住到部长楼，他都谢绝了。"我愿意住在平民的房子里。因为我原来就是平民，我愿意死的时候也是一个平民。"萧乾说，"死这个是终必到来的前景，使我看透了许多，懂得生活中什么是可珍贵的，物质上不论占有多少，荣誉的阶梯不论爬得多高，最终也不过化为一撮骨灰。"

作家梁晓声向人描述他的精神偶像蔡元培："蔡元培到北大去当校长的时候，没有马车，每天很早起床，走很远的路。进入他办公的区域，是有校工的，他对校工都要鞠躬。你可想那种鞠躬，一定不是作秀。他们那代人有一篇写蔡元培的文章，作为北大的校长，他就住在一个小院落里，二三间房而已，冬天很冷，蔡元培袖子老长，握着毛笔在那儿写文章，墨砚上都快结冰了。还有个细节，很触动我，说老先生冻得鼻尖上坠着清鼻涕，不时地掏出手绢来擦一下，还咳嗽。"

梁晓声感叹："那代人就是那样写作的。相比今天，我们所面对的写作环境太幸福了。"他又引用曾任北大校长的丁石孙的话说，那个时代曾

这个时代的人

经有许多有意思的知识分子，"有意思"这三个字包罗了很多内容，现在"有意思"的人越来越少了。

在长篇小说《知青》中，梁晓声写道："人不但无法选择家庭出身，更无法选择所处的时代。但无论这两点对人多么不利，人仍有选择自己人性坐标的可能，哪怕选择余地很小很小。于是，后人会从史性文化中发现，即使在寒冬般的时代，竟也有人性的温暖存在，而那，正是社会终究要进步的希望。"

从 2003 年起，何慧丽就以中国农业大学教师身份在河南兰考挂职做副县长，不领工资，不求仕途，一心一意搞乡村建设。她对兰考的老书记焦裕禄有自己的理解："焦裕禄是真正具有乡村建设精神的人，为了改变盐碱地的状况，他一直在农村呆着，做调研，搞实验，最终，才找到了种泡桐这条路，它不但改变了土地的状态，而且，也为兰考人民带来了新的经济支柱。如果真是为了政绩而做，是不可能这么深入的。"

2001 年 10 月，美国财经杂志《福布斯》公布的中国富人排行榜上，刘永好兄弟以 83 亿元人民币的总资产位于首位。不久之后，杨澜采访刘永好：

杨澜：您说过，您 20 岁以前没穿过鞋？

刘永好：我小时候几乎没穿过鞋，只穿过自己做的那种凉草鞋。就是去买别人穿旧了以后扔掉不要的胶鞋，把它的鞋帮去掉，在鞋底儿上钉几根绳子，拴在脚上，那就叫凉草鞋。这种凉草鞋是我经常穿的。

杨澜：您现在穿的是什么鞋？

刘永好：现在穿的是皮鞋。

杨澜：我知道是皮鞋。是不是名牌呢？

刘永好：我不知道是什么牌子的，估计一百多块钱吧。

杨澜：那不算名牌。

刘永好：我确实没有更多的奢求，我觉得衣服、鞋不必是名牌，能穿就行了，没有太多的考究。当然了，有些人喜欢穿得更好一点，穿穿名牌什么的，我觉得这也没什么不对。因为，市场多元化，人们的生活也必然多元化，这都是社会进步的表现。

2012年1月14日，在台湾地区领导人选举中，马英九成功获得连任。他在发表胜选感言时，提到自己的妻子周美青："我当然要谢谢我家人对我的支持。尤其是这一位。她是我从政以来对我最大的支持力量，也是我家里面永远的反对党，永远用最严格、最犀利的标准检验我、帮助我、鼓励我。我要好好谢谢她！"

周美青是个现代的职业女性，非常独立，与台湾官场流行的"夫人圈"无缘。她不认为身为政治人物的妻子，就得像附属品一样，跟着丈夫到处拜访或参加社交活动。

多少年来，周美青都是与台北的市民一样，每天搭公共汽车上下班。她的日常打扮，多是以休闲、轻松为特色，经常穿的是黑色的T恤衫和牛仔裤。

2011年8月20日，是马英九与周美青结婚34周年纪念日。马英九在当天的个人网页上说，今天是我和美青结婚34周年，刚结婚时，我与她正在哈佛留学，生活相当俭朴，新居就是学生宿舍，家具都是接收别人不要的旧货，或到跳蚤市场买的旧桌椅。

马英九说，印象特别深刻的是，他和周美青还到街上捡了两个废轮胎，洗净后叠起来，中空的地方塞进两个枕头，再铺上一层布，就是家中待客用的"沙发"了。

此外，周美青的姐姐在他们新婚时，送了两床薄被，马英九说，"我一用就是34年，到现在还在用，冬暖夏凉，只是觉得有点对不起寝具业者就是了"。

成思危有一副对联，上联是"慷慨陈词，岂能尽如人意"，下联是"鞠躬尽瘁，但求无愧我心"。

1996年12月，成思危当选为第四任民建中央主席。他说："'居庙堂之高则忧其民，处江湖之远则忧其君'；'先天下之忧而忧,后天下之乐而乐'。像这些东西我觉得都说明一个人的思想境界，它使得我觉得个人得失总是小事，国家和民族的事是大事，这样就使得一个人的精神境界比较开阔了。我个人实际上也是想努力地这样去做的。"

到 1990 年，社会学者费孝通整整八十岁了。中央统战部请客，给他祝寿。吃饭的时候，有人问费孝通，"你这一生干的事情，有没有一个目的？推动你的力量是什么？"他脱口而出说了四个字，"志在富民"。

1945 年冬天，张培刚以《农业与工业化》的博士论文，获得哈佛大学经济学博士学位，旋即回国任教。然而，建国之后的张培刚，长期遭受不公待遇，历尽人生坎坷，直至 1978 年后，才得以重返阔别了近三十年的经济学界。2009 年，中央电视台《大家》栏目记者采访时问他：是否对上世纪四十年代从美国回国的选择感到后悔？他的回答是："怎么会呢？子不嫌母丑嘛。"

1999 年，物理学者彭桓武被授予"两弹一星功勋奖章"。他早年在英国留学 10 年，获得两个博士学位，曾经有人问过他当初为什么回国？他回答："你应该问为什么不回国！回国不需要理由，不回国才需要理由！"

百岁老人周有光说："我写过一些随笔和杂记，有些还结集出版了，据说这些内容还有人看，所以在介绍我的时候，主要是介绍我写的这些东西。其实，我的主业根本不是这些，我写过很多专业方面的书，如关于语言方面的书，大都被译成多种外文在国外出版，有些至今还被一些大学用作教科书。但现在的读者对这些不太关心了，他们听说我曾经和爱因斯坦聊过天，于是对此很关心。如今，跟爱因斯坦聊过天的人确实不多了，我是和他闲聊过好几次呢，但他搞的专业我不懂，我们聊的内容并不重要，所以，我没有什么好写的。其实，我和许多重要人物都有过交往，比如和毛泽东、周恩来等，我和他们都谈过话，还照过相，但我从来都不挂出来，因为我又不搞政治，挂出他们来，我和别人怎么解释呢？"

在 2008 年庆祝中国社会科学院研究生院建院三十周年晚会上，主持人向该院的朱绍文教授提问："朱老师是樊纲的先生，樊纲不用说，就是学生了。我想问您一个简单的问题，在您的心里，他是一个什么样的学生？"

朱绍文回答说："我们社会科学院的师生跟父子关系一样，这一辈子，他心里有我，我心里有他，他老挂着我，我也老关心他。我们都是在改革开放以后成长起来的人，我虽然是老了，我94岁，我们是两代人，但是，我们是一代人，什么叫做一代人呢？就是为了中华民族复兴大业，这样一个伟大的时代，是共同的，一起奋斗的。"

有人问樊纲，作为经济学者，你最反感的事情是什么？樊纲回答说：无知的狂妄。

2003年，李金华连任国家审计署审计长后，连续刮起"审计风暴"，那些在公众看来高高在上的中央国字头部门，一一被公开点名批评。很多人担心他最终会成为"孤家寡人"，他不以为意："审计就是国家财产的'看门狗'"；"你把所有的人都得罪了，也就谁都不得罪了"；"不断后路难当审计长"；"死猪不怕开水烫"；"我不怕孤立。如果要说孤立，这也是一种光荣的孤立，我不害怕。我每天一个人走路不担心安全。"

国务院发展研究中心研究员季崇威整天操心国家大事，与人交谈也是国家大事，他还一直鼓励别人也这么做，把关心国事看作各人必须尽的义务。直到他病入膏肓，无论是与人当面谈还是打电话，在简单叙述一下身体状况后，谈话的主要内容仍然是国家大事。与他相识20多年的何方评价："有位领导同志曾戏说自己奉行双忧（优）主义：忧国忧民和养尊处优。季老则只奉忧国忧民一个主义。"

继《庐山会议实录》之后，李锐又着手于《"大跃进"亲历记》的写作。他说，我早岁即知世事艰难，虽学工科，却好历史。我们这一代人有幸是本世纪世变沧桑的见证人，自己又曾在政治漩涡中生活过来，有钱难买回头看，自己已是望八之人，来日无多，确实有一种责任感驱使我赶快结束这件未了之事。1997年，《"大跃进"亲历记》终于完稿，他说，我好像一个挑担"脚夫"，到了目的地，将担子卸下，顿觉一身轻松了。

在《苦瓜的味道》一书中，李锐写道："'文章自己的好'，我虽然从不这样认为，但对已经发表的东西，还是敝帚自珍的。我的自珍就在，生平为文，不说空话套话，总还是有的放矢，言之有物的；也就是说，我是一个务实的人，好说真话的人，如此而已。"

长期研究中国发展问题的康晓光说："我始终反对的就是为学术而学术。我不认为一个第三世界国家的学者，当你这个国家面对这么多的问题，你这个国家有这么多的人，处于非常艰难的境地的时候，你可以在这里孤芳自赏，在象牙塔里去满足自己的好奇心和求知欲，我觉得不是那样的，我觉得对于我来说可能更像一个中国的读书人。"

江平在担任中国政法大学校长期间，说过一句话："资产阶级的大学校长都懂得爱护学生，何况我们……！"

2001年10月，88岁的北京大学教授周一良去世。他的学生刘聪回忆："先生总是很安详，安详中带着一点威严，让人感到疏远的一点威严，很少表露自己的感情。然而有一次，是去年的某一天，我刚一进屋，就感觉先生的脸色不太好，先生的第一句话就是，刚刚看新闻了，出了一个大案子（厦门远华案），好像贪污了很多钱。当时的新闻报道只是蜻蜓点水，我把从网上看来的消息告诉先生。当时我的情绪有一点激动，先生显然也不像平时那样平静，当我说完时，先生本来直着的腰靠到了躺椅上，喃喃地说'中国可怎么办呀'，我分明看到了先生的眼里充满了泪水。"

1986年7月29日，"两弹"元勋邓稼先去世，他临终留下的话，仍是关于中国如何发展尖端武器的问题，并叮咛："不要让人家把我们落得太远……"

北京大学教授王选患病后，于2000年10月6日写下一份遗愿：
人总有一死。这次患病，我将尽我最大努力，像当年攻克科研难关那样，顽强地与疾病斗争，争取恢复到轻度工作的水平，我还能为国家作一些力所能及的事情。

一旦病情不治，我坚决要求"安乐死"，我的妻子陈堃銶也支持这样做，我们两人都很想得开，我们不愿浪费国家和医生们的财力、物力和精力，并且死了以后不要再麻烦人。

我对方正和计算机研究所的未来充满信心，年轻一代务必"超越王选，走向世界"，希望一代代领导能够以身作则，以德、以才服人，团结奋斗，更要爱才如命，提拔比自己更强的人到重要岗位上。

我对国家的前途充满信心，21世纪中叶中国必将成为世界强国，我能够在有生之年为此作了一点贡献，已死而无憾了。

杜润生一生为农民代言，他是"农口的一个符号"！在他看来，爱人民首先要爱农民，"农民不富，中国不会富；农民受苦，中国就受苦；农业还是落后的自然经济，中国就不会有现代化"。

1953年初，杜润生调任中共中央农村工作部秘书长，参与组织领导全国的农业合作化运动。后来，农业合作化运动的发展势头非常迅猛，杜润生则主张慢一点，被毛泽东形容为"像小脚女人走路"。当时的中组部部长安子文曾批评他："农民观念数你强，了解情况材料数你多，就是政治上弱，看不清大风向。"

从1982年到1986年，杜润生参与主持起草了著名的五个"中央一号文件"，对于家庭承包责任制的推广和巩固发挥了重要作用。此后，他又向邓小平建议，参照全世界的经验，最好建立农民协会。当时邓小平回复说，这个意见很重要，我要考虑。先看三年，如果三年后，大家都同意，你再提出来，我一定批。但是到了三年的时候，政治风波来了，顾不上这件事了。

2003年7月18日，杜润生90大寿的时候，他对自己70年的工作经历做了总结："第一条，苦劳多，功劳少；第二条，右倾的时候多，左倾的时候少。"而国务院的一位领导则说，杜老一生是不顺的。1955年不顺，1980年代后期不顺。在这"两个不顺的年代"，杜老"同样是光辉的，同样是值得纪念的"。

从1982年到1992年，杜宪在中央电视台工作了整整10年。作为丈夫的演员陈道明对她的评价是八个字：大家风范，荣辱不惊！

有人问被称为"雷锋传人"的郭明义，你现在出这么大的名儿，对你的生活会不会有不好的影响？郭明义回答，我老婆跟我说，"你就算再出名我也不嫌弃你"。

有人问导演张艺谋，将来人们回顾改革开放后中国电影的发展历程的时候，会看到张艺谋的身上负载了各种各样非常复杂的争议，你会希望人们怎么看待你？张艺谋回答说，我不抱什么特别的期望，我知道我自己一定是一个话题，但是我认为，我们都是很渺小的。在任何时代，我们能跟时代在一起，能做自己喜欢做的工作，已经非常有幸了，其他都是多余的，多余的多给你一口，你就很意外了，就不要多想了。

许多人都把崔健称作"中国摇滚乐之父"、"中国摇滚拓荒人"、"中国摇滚的精神领袖"，有人问他，这么多定义在身，是一种什么样的感觉？崔健回答："时间太长，麻木了，没什么感觉。别人说归说，但自己面对生活时，所有这些定义、画面都不存在。"

崔健说，他做音乐是为自己，为自己的快乐与满足。如果做音乐是为满足市场，对于创作者来说，是无比痛苦的。久而久之，他创作的音乐便不再经过大脑和心灵，而变成一门手艺或者技术。

2009 年 8 月 29 日，中央电视台记者柴静在人民网演播厅，讲述她"认识的人，了解的事"：

10 年前在从拉萨飞回北京的飞机上，我的身边坐了一个 50 多岁的女人，她是 30 年前去援藏的，这是她第一次因为治病要离开拉萨。下了飞机，下很大的雨，我把她送到了北京一个旅店里。过了一个星期我去看她，她说她的病已经确诊了，是胃癌的晚期，然后她指了一下床头，有一个箱子，她说如果我回不去的话，你帮我保存这个。这是她 30 年当中走遍西藏各地，跟各种人——官员、汉人、喇嘛、三陪女交谈的记录。她没有任何职业身份，也知道这些东西不能发表，她只是说，100 年之后，如果有人看到的话，会知道今天的西藏发生了什么。这个人姓熊，拉萨一中的女教师。

5年前，我采访了一个人，这个人在火车上买了一瓶一块五毛钱的水，然后他问列车员要发票，列车员乐了，说我国火车上自古就没有发票。然后这个人把铁道部告上了法庭。他说人们在强大的力量面前总是选择服从，但是今天如果我们放弃了一块五毛钱的发票，明天我们就有可能被迫放弃我们的土地权、财产权和生命的安全。权利如果不用来争取的话，权利就只是一张纸。他后来赢了一场官司，我以为他会跟铁道部结下"梁子"，结果他上了火车之后，在餐车要了一份饭，列车长亲自把这个饭菜端到他面前说，"您是现在要发票呢，还是吃完之后我再给您送过来？"我问他，你靠什么赢得尊重？他说我靠为我的权利所做的斗争。这个人叫郝劲松，34岁的律师。

去年我认识一个人，我们在一起吃饭，这个60多岁的男人，说起来丰台区的一所民工小学被拆迁的事，他说所有的孩子靠在墙上哭。说到这儿的时候，他也动感情了，然后他从裤兜里面掏出一块皱皱巴巴的蓝布手绢，擦擦眼睛。这个人18岁的时候当大队的出纳，后来当教授，当官员，他说他所有做这些事的目的，只是为了想给农民做一点事。他在我的采访中说到，说征地问题给农民的不是价格，只是补偿，这个分配机制极不合理，这个问题的根源不仅出在土地管理法，还出在1982年的宪法修正案。在审这一节目的时候，我的领导说了一句话，说这个人就算说的再尖锐，我们也能播。我说为什么？他说因为他特别真诚。这个人叫陈锡文，中央财经领导小组办公室副主任。

7年前，我问过一个老人，我说你的一生已经历过很多挫折，你靠什么保持你年轻时候的情怀。他跟我讲，有一年他去河北视察，没有走当地安排的路线，然后在路边发现了一个老农民，旁边放着一副棺材，他就下车去看，那个老农民说因为太穷了，没钱治病，就把自己的棺材板拿出来卖，这个老人就给了他500块钱拿回家。他说我讲这个故事给你听，是要告诉你，中国大地上的事情是无穷无尽的，不要在乎一城一池的得失，要执著。这个人叫温家宝，中华人民共和国总理。

一个国家是由一个个具体的人构成的，它由这些人创造，并且决定。只有一个国家能够拥有那些寻求真理的人，能够独立思考的人，能够记录真

这个时代的人

实的人，能够不计利害为这片土地付出的人，能够去捍卫自己宪法权利的人，能够知道世界并不完美，但仍然不言乏力、不言放弃的人，只有一个国家拥有这样的头脑和灵魂，我们才能说我们为祖国骄傲。只有一个国家能够尊重这样的头脑和灵魂，我们才能说我们有信心让明天更好。谢谢各位！

后记

　　早在十多年前，就想从事中国现代化进程的记录工作，可是由于自己当时的驾驭能力有限，做起这项工作来非常吃力，只能中途作罢，现在重启这项工作，等于是自己的再一次尝试。

　　这套名为《中国复兴档案》的丛书，一共包括四本，即《这个时代的人》、《中国语录》、《点评中国》、《中国纪事》。当然也是四个系列，如果出版过程顺利，自己会一直编下去。这套丛书的素材来自于社会，不是媒体的报道就是学者的作品，所以这套丛书的收入自己分文不取，也是用之于社会。具体地说，就是待时机成熟时，成立一个小的出版基金，用于资助有志于从事国家发展战略研究的青年学子，出版自己的第一本学术著作。

　　一个人从事这样的工作，好处是不用妥协，可以将同一个编辑思路贯彻始终；坏处是自己知识和眼界的局限，会直接造成这套丛书质量的局限。

　　生怕自己的能力不足以承担这样的工作，所以编这套丛书时，一直有战战兢兢之感，真诚地盼望各界有识之士，能够给予批评和指导。联系邮箱是：1347440260@qq.com